U0926674

幸福重建

积极心理开启人类幸福之钥

小刀老师◎著

中国财富出版社

图书在版编目（CIP）数据

幸福重建：积极心理开启人类幸福之钥 / 小刀老师著. —北京：中国财富出版社，2015. 1

（华夏智库·金牌培训师书系）

ISBN 978 - 7 - 5047 - 5510 - 0

Ⅰ. ①幸…　Ⅱ. ①小…　Ⅲ. ①幸福—通俗读物　Ⅳ. ①B82 - 49

中国版本图书馆 CIP 数据核字（2014）第 292148 号

策划编辑	范虹轶	**责任印制**	方朋远
责任编辑	苏佳斌　姜莉君	**责任校对**	饶莉莉

出版发行	中国财富出版社		
社　　址	北京市丰台区南四环西路 188 号 5 区 20 楼	**邮政编码**	100070
电　　话	010 - 52227568（发行部）		010 - 52227588 转 307（总编室）
	010 - 68589540（读者服务部）		010 - 52227588 转 305（质检部）
网　　址	http://www. cfpress. com. cn		
经　　销	新华书店		
印　　刷	北京京都六环印刷厂		
书　　号	ISBN 978 - 7 - 5047 - 5510 - 0/B · 0422		
开　　本	710mm × 1000mm　1/16	**版　　次**	2015 年 1 月第 1 版
印　　张	15	**印　　次**	2015 年 1 月第 1 次印刷
字　　数	223 千字	**定　　价**	35. 00 元

前 言

PREFACE

积极心理学是20世纪末最早在西方心理学界兴起的一股重要的心理学力量。它最早是由美国的心理学家塞利格曼和奇克森特米海伊提出来的，主张心理学研究的重点要以人们的实际的、潜在的、具有建设性的力量、美德出发，倡导一种积极的方式来对人的心理现象作出新的诠释，从而激发人内在的积极力量和优秀品质，并在这个过程中寻求找到帮助人们最大限度地挖掘自身的潜力并获得幸福和快乐。

从人际交往的角度看，具有积极心理的人更能够适应社会。俗话说："积极的人像太阳，照到哪里哪里亮；消极的人像月亮，初一十五都不亮。"由此可见，大家都喜欢具有积极心理的人。一个具有积极心理的人无论走到哪里都能够和他人打成一片，在有人的地方就能够找到自己的江湖；而一个心理消极的人，无论走到哪里都不会发出耀眼的光芒，谁会喜欢和"暗淡无光"的人交往呢?

从个人成功方面来说，一个消极悲观的人是不会取得成功的。因为消极的人遇事只看到消极的一面，看不到积极的一面。在困难面前，还未行动就先输了勇气，这样的人又怎么能够成功呢?

那么，我们如何才能具有积极的心理呢?本书将给你答案。

本书从我们为什么不快乐谈起，阐述了生命本真的含义，以及如何才能产生幸福和快乐的感觉。书中就寻找幸福和快乐的方法做了深刻的剖析，让我们在了解幸福重建的渠道的基础上，掌握增强幸福力量的深度策略，从而成为一个具有社会美德和道德的公民，成为一个不但能够让自己获得幸福，也能够有利于他人和帮助他人获得幸福的人。

“幸福”是一个充满美好的词，没有人不想获得幸福。然而，有时候我们又感到幸福遥不可及。不过有了本书，我们不必再担忧寻找不到幸福了。运用本书中所讲到的幸福重建的知识，我们完全可以找回本该属于我们的幸福。

小刀
2014 年 10 月

目　录

CONTENTS

第一章 物质富足，生命为什么不快乐

亲爱的，请看着我的眼。我知道，你需要一份温暖，而不仅仅是越来越多的金钱。

我明白，从起程的那一天，你就选择了坚强勇敢，选择了与故乡的渐行渐远。只是，不要只盯着猎物和陷阱，你也会遇到很多关心、爱护你的人，你会发现人们的笑脸很美很甜。

走在路上，什么都会遇见，粗糙的现实，更加呼唤一个柔软的小小港湾。与善良携手，与美好做伴，心的柔软从未改变，它教会我们善待路边的野花，指引我们仰望风雨后湛蓝的天。

金钱越来越多，幸福却越来越远

金钱和幸福的关系是古往今来人们都非常关心的问题。很多人认为拥有金钱就会拥有幸福，尤其是在市场经济高速发展的今天。

但是，据《南方周末》公布的中国内地人物创富榜入选富豪调研报告显示：随着金钱的增加，幸福感没有增加。这或许令人费解，但专家指出，快乐随财富消失的秘密就在于，有钱人的生活变得更繁忙，反而没有时间去享受简单的快乐，因此幸福感也就会减弱。

美国劳工统计局曾对不同收入等级的人群是怎样消费时间的问题做过调查，结果发现，收入较高的人群生活中充满了琐碎事务，他们的时间大多用在工作、出差、照看孩子和购物上面，与低收入者相比生活更加紧张，压力更大。

该调查还发现，年收入超过 10 万美元的美国男性一年只有 19.9% 的时间花在所谓“被动式”的娱乐活动中，如看电视和社交，而年收入不到 2 万美元的美国男性一年有超过 34% 的时间花在“休闲”上。

不仅是国外富人没有时间感受幸福，中国的富人生活更是紧张。除了紧张的工作压力，中国的富豪们还必须面对体制方面的种种困境、财富积累手段的合法性，以及因社会贫富不均而招致的人身安全问题等。还有最重要的就是中国的富人大多喜欢大吃大喝、铺张浪费。虽然在习近平主席的厉行节约、反对铺张浪费的号召下这种风气得到了整治，但是中国的富人也不像国外的富人那样热衷于旅游和健身，或者加入各种社会捐献活动，在人们的尊敬、感激和赞美中获得快乐和幸福。国内很多人在追求财富的时候以健康做代价，不分昼夜，不辞劳苦而忽视了锻炼身体。据某企业家协会对近千名会员的体检显示，他们（大部分年龄在 50 岁左右，最年轻的大约 30 多岁）95% 都处于亚健康状态，并且有不少人同时患有多种慢性病或其他疾病，患有高血脂的人占 56%。对他们进行体检的医生说："现在生意场应酬少不了烟酒，这些人平时压力就大，心理负担又重，多数老总的体检数据超标可以理解，但只有 5% 的人处于真正的健康状态。"

虽然人们的收入和幸福指数千差万别，但是赚钱的热情却毫无差别。富人往往追求更高的财富目标，这就意味着牺牲更多的体验幸福的机会和时间，而那些小快乐却是穷人追求的目标。正因如此，富人才会比穷人感觉更累，反而是穷人活得更开心。研究人员克鲁格的话说得就很有道理："如果你问我为什么穷人的生活其实没那么糟，是因为他们可以享受到比尔·盖茨无法享受到的快乐。"

相关研究人员通过以上研究总结出了富人幸福感缺失的三大原因：

第一，人们在攀比中更能得到满足和幸福，而不是个人财富的绝对增加。研究人员指出，一个社会的共同富裕并不会使其中的个体感到更满足，相反，当人们在与同阶层者进行比较后发现自己更富裕时，才会产生更明显的满足感和幸福感。

第二，物质消费只能带来短暂的快乐，人们的消费需求随着消费能力而增长。物质消费只能满足人们一时的需求，基本不产生长期效应。而随着财富的增长，人们的欲望和需求也在增长。

第三，越有钱就越幸福也许只是一个假想，财富的增加往往意味着工作节奏加快和压力的增大，结果是，有钱的人在越来越有钱的同时，也越来越忙碌，必须面对更多的压力。

由此可见，人之所以快乐、烦恼，抑或痛苦，都不是因为问题本身，而在于看问题的观念和心态，正如弥尔顿所说："意识本身可以把地狱造就成天堂，也能把天堂折腾成地狱。"聪明的人善于把金钱和人生的精神需求平衡起来，否则，就不可能感觉幸福。美国人就比较聪明，他们明白健康是最大的快乐的道理，而很多中国人为了钱而不惜牺牲一切。

环境污染、超负荷工作、饮食不当等，带走了成千上万国人的健康和快乐，使得财富成为了幸福的累赘——金钱越来越多，幸福却越来越远。因此，人生最重要的就是生活的快乐和幸福，俗话说"金钱乃身外之物"，且不可强求，以牺牲生活乐趣去追求财富更是不可取。

幸福心语

人之所以快乐、烦恼，抑或痛苦，都不是因为问题本身，而在于看问题的观念和心态，正如弥尔顿所说："意识本身可以把地狱造就成天堂，也能把天堂折腾成地狱。"聪明的人善于把金钱和人生的精神需求平衡起来，否则，就不可能感觉幸福。

痛苦源于过度的欲望和自私心

我们都明白一个简单的道理：凡事都要有度，一旦过度就会因此受到惩罚，这是自然界诸多事物的永恒规律。因此，人对于膨胀的欲望也应该掌握一定的度，在欲望和自私心面前人应该有放下的智慧，因为人类的欲望就像黑洞一样永远填不平，一味地放纵欲望和自私心，只会给自己带来痛苦。

有这样一个故事：

一个虔诚的信徒向上帝求教：怎样的人生才会有丰硕的收获？上帝取来两个背篓，把其中的一个交给他，朝前一指，前面出现了一条路。上帝说："人生就好比这条路。"

上帝说完，带着他的信徒朝前走去，只见路两旁闪烁着各种各样的瑰宝。信徒见了，一个一个几乎全捡进了他的背篓。而上帝呢，只把其中的一颗最璀璨夺目的钻石放进了自己的背篓。

这个信徒很快发现了自己的错误，因为越往前走，瑰宝就越多，而且还更具魅力和价值。信徒毫不迟疑地将背篓里的瑰宝全倒了出来，又把那些新发现的瑰宝全捡了进去。结果没走几步，他的背篓又被装满了。

就这样，他一路上不停地倒了又捡，捡了又倒，等到他走到路的另一头，背篓里竟然空无一物。他太累了，只想轻轻松松地赶路，瑰宝已经失去了吸引力。而上帝呢，这个时候的背篓里已经装满了他精心挑拣出的瑰宝，它们全是路边那些瑰宝中的极品。

"看到了吧，孩子，"上帝对他的信徒说，"人生最重要的是要善于克制自己的欲望，善于选择，那样你才会有最大的收获。"

欲望确实很难抵挡，没有一点欲望的人是找不到的。正如人们所说："欲望像海水，喝得越多，越是口渴。"

欲望常常在不知不觉中引诱人们一步步地前进，令人贪得无厌，不知满足，反受其累。现实生活中有很多这样的例子，做了"百夫长"不行，还想当"千夫长""万夫长"；住上了两室一厅，还要想三室两厅甚至别墅；金钱能够维持生活还不够，还嫌钻戒不够沉、美元不够多……欲望就像一道难解的方程式，就连自己也不知道最终的结果是什么。但是由此可以看出人的欲望与现实生活是成正比的，生活条件差的人欲望就会小一些，生活条件越好的人欲望就越大。

苏东坡先生早就说过：“处贫贱易，处富贵难；安劳苦易，安闲散难；忍痛易，忍痒难。人能耐富贵、安闲散、忍痒，真有道之士也。”其实欲望就是人灵魂中的痒处，痛可以忍住，而痒却是越挠越想挠的。这正是有些人在欲望的淤泥中越陷越深的原因。

有的人之所以痛苦，不但是因为有贪欲，还因为存在严重的自私心。自私心理是现代社会中一种比较常见的心理，也是一种人们比较关注和敏感的心理。

自私，就是只顾自己的利益，不顾他人、群体、社会的利益。而自私心理则是指以自我为中心、个人利益至上、欲望无限的心理状态。

自私心理在个人的表现程度上是有所不同的：轻微时，计较个人得失，忽视社会公德，不顾一切与他人争利；严重时，个人欲望无限膨胀，无视公德、法律，为达到个人目的而不择手段，歪曲客观事实，伤害他人的精神、名誉，损害集体，侵害国家，危害社会。自私心理不仅是独立的异常心理，也是其他异常心理的温床，如贪婪、嫉妒、报复、吝啬、虚荣等病态社会心理都是自私心理的表现，因此它的社会危害是极大的。

自私心理对现代社会的危害是显而易见的。它不仅影响社会公德和社会规范，也影响到一个社会群体的人格状态和行为规范，更重要的是它会形成一种自私自利的社会风气，在这种风气的影响下，人人视自私为正常。在自私心理的支配下做有违社会伦理道德或违法犯罪之事时却不择手段地为自己辩护，别有用心的企图也变成了堂而皇之的行动。一些有害社会、他人的行为被自私者以各种手段掩饰起来，甚至在侵占或侵害他人利益时还心安理得。

那么，面对这种危害社会和他人的心理，我们应该怎么办呢？

1. 我们应该认识到，要想彻底铲除人类的自私心理几乎是不可能的

自私是一种近乎人类本能的欲望和行为。对人类而言只有自私程度不

同，表现不同，而根本没有自私心理的人几乎是不存在的。自私心理本身也有一个由量变到质变的发展过程。一个人有一些自私心理是正常的，但如果过于自私，就会形成异常心理和病态行为，使人格畸形，甚至导致犯罪。

2. 要加强自身的人格修养和品德修养

我们面对这个色彩纷呈的物质世界，要有一种清醒的认识。一个人是不可能占有太多的物质资源和人力资源的。在一个人占有更多的利益和物质财富的同时，可能就意味着对他人利益和人格的侵犯；而且必然要为此付出更多的代价，同时也意味着他将要承受比他人更多的压力、痛苦和挫折，其中最大的代价就是良心的泯灭和人格的丧失。因此一个人，如果能够以一种比较坦然的、豁达的心态来面对利益的冲突和物质的追求，能够有一个较高的人生境界来实现自己的人生理想，把自我的人生价值转变为有利于社会的人生价值，把追求人格的健全与高尚摆在高于追求物质利益之上，那么不仅能使自己的人格、行为相对健全与高尚，也会使自己生活得相对轻松愉快。

3. 充分发挥个人的主观能动性，克制自私心理

一般来说，有以下几种方法。

（1）内省法

这是构造心理学派主张的一种方法，意即用自我观察的方法来研究自身的心理现象。自私常常是一种下意识的心理倾向，一个人要克服自私心理，就要经常对自己的心态与行为进行自我观察。观察时要有一定的客观

标准，这个客观标准就是社会公德与社会规范。如果一个人能经常用社会公德和规范观察自我、约束自我，久而久之就会建立起一种新的社会评价体系和行为体系来替代旧的社会评价体系和行为体系。另外要反省自己的过错，就必须加强学习，强化社会价值取向，向人生境界高者学习。从自己自私行为的不良后果中看到危害，找到问题的症结所在，总结改正错误的方式方法。

(2) 自我暗示

凡下决心改正自私心理的人，一旦意识到自己的自私心态后，都可以用心理暗示的方法告诫自己，如“这是自私心理在作怪，是不可取的，是有害的”等。用这种心理暗示的方法告诫自己，以便于把自私心理消除在萌芽状态中。

(3) 回避性训练

这是心理学上以操作性反射原理为基础，以负强化为手段而进行的一种训练方法。负强化手段的方法较多，比较简便易行的一种是在手腕上缚一根橡皮筋，当意识到自己的自私念头或行为时，使用橡皮筋弹击自己，从痛觉中意识到自私是有害的，便于促使自己改正。

(4) 多做利他行为

一个人要想改正自私心态，不妨多做些利他行为，如关心和帮助他人、给希望工程捐款、为他人排忧解难等。这种利他行为对纠正不正常的心态常常有极好的效果。我们可以从他人的赞许中得到利他的愉悦和快慰，从而使自己的心灵得到净化。

总之，自私心理是一种人人都谴责，但人人又都难以彻底根除的心理状态。这种常态性和普遍性逐渐地使人们对它感到无奈和麻木，以致人们谈到自私心理的时候甚至对它进行维护和辩解。在这种情况下，形成了一种“自私是正常的，不自私反而不正常”的错误观念。这种观念和现代社会所要求的文明进步是极不协调的，与现代社会所倡导的人格特征也是格格不入的。

因此，面对自私心理，我们每个人都应当从内心深处反省自我、告诫自我，少一点自私，多一点公德，为我们社会的文明进步做出个人的努力。同时也让自己的人格多一些亮色，少一些阴暗，为我们社会的光明尽一份自己的责任和义务。不要等到生命的最后一刻，才感叹欲望如海，自私让自己一生碌碌无为。

幸福心语

欲望常常在不知不觉中引诱人们一步步地前进，令人贪得无厌，不知满足，反受其累。

有限的物质满足不了无限的欲望

很多人都追求物质的享受，然而有限的物质却满足不了无限的欲望。

16 世纪一位西方的哲学家说：“当我有一些老的时候，我买书，剩下的钱再去买食物和服饰。”这位哲学家之所以这样说，是因为他看透了物质的欲望就像茫茫的沙漠，永远找不到通向绿洲的路，而精神的财富却能够曲径通幽。

现代社会中一顿饭、一件衣服花费上千元已不少见，一次旅游花费上万元也不足为奇，然而人们在匆忙追赶时尚中却并未感受到满足，短暂的快乐之后并不觉得幸福。其原因就是，满足欲望之后得到的只能叫“快感”，而不能称为幸福。

我们的耳边经常响起一句话：“如果我有钱了……”这不但是我们小时候憧憬未来的惯用语，也是今天支撑我们忙碌工作的“精神支柱”，我们总是在有限的物质和无限的欲望之间苦苦挣扎，就是所谓的“欲海沉浮”。沉浮久了，该来的来了，该得到的也得到了，随之滋生了不幸福。在这个浮躁、纷扰、繁华的世间，我们只能一边享受物质带来的许多幸福，一边又在抱怨心力交瘁、疲惫不堪，生活的内容越来越丰富了，幸福指数却在慢慢下滑。

遥想当年的朱元璋，登基后绞尽脑汁想吃“珍珠翡翠白玉汤”，却怎么也吃不出当年受穷时的那种味道。当物质不再让我们感到幸福时，我们一样怀念那个艰苦的年代。一件衣服老大穿了老二穿，姊妹几个挤在一个热炕上，一个鸡蛋抢着吃，一个苹果分着吃，饭是稻花香，菜是绿色脆，酒是粮食醇，肉是垂涎滴，节日是掰着指头等来的，过年是熬过日子盼来的，物质的享受是神圣、充实而又温暖、幸福的。

在平平淡淡的生活中，快乐和幸福就像一只蝴蝶，你越是用心去捕捉，它越是飘忽不定。当我们不再奢望，不再刻意追求，安静地去做好自己该做的事，它却自己飞过来，停在我们的肩上。很多人为幸福不懈地努力，却与幸福失之交臂；很多人孜孜不倦地追求完美，却不得不向生命告别。其实，活着就是一种幸福。

出门在外，平安是幸福；身患疾病，健康是幸福；遇见知己，交心是幸福；父母健在，快乐是幸福；夫妻恩爱，甜蜜是幸福；饥饿时的一块面包，口渴时的一杯清茶，寒冷时的一件棉衣，悲伤时的一声问候，远行时的一声祝愿，这些都是幸福。幸福就渗透在人生路上的每个瞬间。

不管幸福的程度有多少，我们都必须百倍珍惜，珍惜物质里的血泪、幸福里的光辉。想想还有许多人刚刚脱贫，还有许多人背负着房费、药费、学费……当物质不再让我们感到幸福时，想想他们，我们还有什么理由不幸福呢？

“欲不可纵”，就是不要放纵自己的欲望。七情六欲，人皆有之。孔子曰：“食色，性也。”正确认识和处理好个人的欲望，不仅是个人问题，而且是一个社会问题。

过去，我们常常喜欢空谈崇高理想，把个人对物质生活的追求视为洪水猛兽，动则冠以“资产阶级腐朽思想”的帽子，必欲置之于死地而后快。随着改革开放和市场经济的发展，以及精神文明建设的相对滞后，人们禁锢已久的心灵在各种货真价实的腐朽行为面前失去了辨别力，价值取向发生变异，道德失范、道德滑坡的现象一时风行神州大地。因此，加强思想道德教育，必须结合实际，一方面要承认人们对物质的合理追求，另一方面又要教育人们不可放纵自己的欲望。

“心似平原走马，易放难收。”丁志国等人从政治上的蜕变到经济上的贪婪和生活上的腐化，说到底，都是放纵自己欲望的结果。因此，“欲不可纵”这一点，对于我们每一个人，无论是领导干部，还是普通群众，都具有警示的意义。

幸福心语

“欲不可纵”，就是不要放纵自己的欲望。七情六欲，人皆有之。孔子曰：“食色，性也。”正确认识和处理好个人的欲望，不仅是个人问题，而且是一个社会问题。

不断的选择，造就不停的痛苦

无论是在工作中，还是在生活中，我们都会面临一些可以重新选择的机会。有些人不能抵御新机遇的诱惑，往往容易放弃原来的目标，选择新的开始。然而，并不是所有的选择都能够带给人生以华丽的转身，往往是不断的选择，造就不停的痛苦。而那些无悔的人生都是持之以恒的结果。

有一副对联说得好：“乘东风，欢欣鼓舞创事业；肯吃苦，善谋实干树新风。”那些不能善始善终，喜欢不断选择的人总是事倍功半。他们总是在金钱、利益、名誉、权势面前低头，不断地做出选择。而选择的过程并不是那么轻松，选择新的就意味着抛弃旧的，这期间势必会存在严重的思想斗争，更多的时候连自己也不知道究竟哪种选择更正确。终日处于如何选择的困惑之中，又怎么能够不痛苦呢？因此，不断的选择，造就了不停的痛苦。

真正的无悔人生是选择了就坚持到底，努力了就不后悔。喜欢半途而废的人，直到终老也不会有所成就。做人就要踏实认真，做事就要持之以恒。

有一个关于持之以恒的故事，大概我们都早已耳熟能详，但它提示的深刻道理却值得我们每一个人玩味。

战国时期，魏国有个叫乐羊子的人。

有一年，乐羊子决定离开家去拜师求学。于是他出发了。

一年后，乐羊子突然回到家中。

他的妻子很惊讶地问：“你怎么回来了？你才跟那些学者学了一年呀。”乐羊子说：“我太想你了，所以回来看看。”

他的妻子听了以后，二话不说，拿起把剪刀走到她的织布机前。她指着那块已经完成了一半的锦缎说：“这块锦缎用的是最好的丝。我一丝丝地累积起来织成这锦缎。如果我现在把它剪断，就等于前功尽弃。你求学也是这样。只有勤勉才能学到知识。现在，你半途而废，和剪断织布机上的锦缎有什么区别？”

乐羊子被妻子的话所感动，于是立刻离开家，继续拜师求学。

几年后，乐羊子终于完成学业，成为一个博学的人。

这个故事看似简单，半途而废的成语含义也很容易理解，但在我们的实际生活中，当你准备放弃原有选择的时候，谁会记得半途而废的故事呢？所以，当我们面临新的选择的时候，请思考一下当初做决定时的原因，万不可鲁莽行事。

成功的人生都离不开坚持到底、持之以恒的毅力。英国首相丘吉尔最精彩也是最后的一次演讲只花了不到 1 分钟，他只说了一句话："坚持到底，永不放弃！"或许坚持到底并没有那么容易，就像下面故事中的雁奴一样。

有一位年轻的猎手，枪法极准，但总捕不到大雁。于是，他去向一位长者请教。长者把他领到一片大雁栖息的芦苇地，指着站得最高的一只大雁说："那只大雁是放哨的，我们管它叫雁奴。它只要一发现异常情况就会向雁群报警，所以接近雁群往往是很困难的。但我有办法，你现在故意惊动雁奴再潜伏不动。"年轻人照做了。

雁奴发现年轻人后立即向同伴发出警告，正在栖息的雁群闻讯后纷纷出逃，但没发现什么，便又飞回原地。长者让年轻人如法炮制了好几回。终于，几乎所有的大雁都以为雁奴谎报军情，纷纷把不满发泄在雁奴身上，可怜的雁奴被啄得伤痕累累。

"现在，你可以逼近雁群了。"长者提醒道。于是，年轻人大摇大摆地走进了芦苇地，雁奴虽瞧在眼里但也懒得再管，年轻人举枪……

坚持到底或许会遭到别人的误解，有时候甚至会受到白眼和打击，但如果就此选择放弃的话，就有可能像没有坚持到底的雁奴一样付出惨痛的代价。因此，人生需要的更多的是坚持而不是不断的选择，不断的放弃。

幸福心语

真正的无悔人生是选择了就坚持到底，努力了就不后悔。喜欢半途而废的人，直到终老也不会有所成就。做人就要踏实认真，做事就要持之以恒。

谬执，执则迷，迷则痛苦

人生需要坚持到底的勇气，但这并不代表我们可以接受谬执。很多时候，“坚信”和“偏执”之间只有一步之遥，如果掌握不好它们之间的尺度，就有可能陷入谬执的痛苦深渊。

在一个偏僻的山村，住着十几户人家，以农耕为生。有一个姓史的人信佛，一直未婚，每天吃斋念佛，雷打不动。除了做农活之外，他的爱好就是做善事，修桥铺路，助幼扶贫，乐此不疲。他也不置办什么家什，种地的收入都做了善事。自己觉得过得充实、快乐和幸福。村里的人也都喜欢他，叫他大善人。

不巧的是，他们村遇上了百年不遇的山洪暴发，墙倒屋塌，农田毁坏，一片狼藉。幸好，大善人住在山上，周围虽然被水淹了，但房屋没受到多大影响，就是出去的路断了，下不了山了。这时有只小船路过，招呼他上船，并告诉他洪水不久会淹了他住的地方，快上船逃命吧。他说：“我不走，我等佛祖来接我。”

一会儿，又有一个人划着木筏来接他，他还不走。水渐渐淹没了他的脚跟，这时一个老人抱着一根树干漂过来接他走，他还是不走。不久，洪水淹没了整个山头，大善人也被洪水卷走了。

他终于见到了他朝思暮想的佛祖，于是他诘问佛祖：“我按照您的意思行善积德，从不敢怠慢，为什么您还要抛弃我？”佛祖说：“第一次派船接你你不走，第二次派木筏接你你也不走，最后一次派一个老人划着树干接你你也不走，还能怨我吗？”

故事中的信佛人就是一个偏执而不知变通的人，这种人执着于表面现象而不知变通，致使自己错失了很多机会，甚至失去了生命，却抱怨佛祖没有给自己机会，很显然他就是陷入了谬执的痛苦深渊。

现实生活中也有很多这样的人，他们并不愚蠢，但是会陷入某件事中而不能自拔，任凭身边的亲戚、朋友、旁观者如何劝说，他们总是执迷不悟，甚至还要找出很多幼稚的理由来欺骗自己，直到有一天，当他受尽折磨，终于解脱的时候，才幡然醒悟，追悔莫及，这就是一种固执心理。

相关研究发现，固执心理就是一种偏执型人格障碍。具有固执心理的人的性格特点就是敏感多疑、嫉妒心强、容易冲动、诡辩、不接受批评、自我评价低等。固执是人际交往的大敌，固执的人常常与朋友闹僵、与恋人分手、夫妻不和、父子反目……固执可分为感觉性固执、记忆表象固执、情绪固执，这些心理现象可以连成一体，形成一种习惯，当别人破坏这种习惯时，就会使个体产生不愉快、不舒服，甚至苦恼、痛苦，从而变得脾气暴躁，爱攻击他人。

是什么原因导致的固执心理呢？

华夏心理咨询师曹芬元认为，执迷不悟是人们在认知过程中无法将客观与主观、现实与假设很好地区分开来，将自己已有的经验凌驾于现实之上，并过分固化而产生的。美国心理学家莱昂·费斯汀格认为人的固执心理是由认知失调导致的。他认为每个人都有信念与现实发生冲突的情况，这种情况会导致认知平衡失调，此时，人们就会感觉难受，从而想办法来恢复心理平衡。一般来说，恢复平衡的方式有两种，一种是承认事实，另一种是找理由来维持平衡。找理由就是认知失调的表现，可能会导致执迷不悟。北京慧源心理与教育研究中心的李玲认为，导致执迷不悟的原因不仅包括认知失衡，还包括思维定式（固执）、自我防御（有时人们未必认识不了事物的客观，只是由于自我防御机制，会使人坚持自己的看法）。

由以上咨询师或心理学家的观点可知，固执心理的产生原因不止一种，但这并不代表固执心理是不能够调节的。要克服固执心理就要做到以下几点。

1. 克服虚荣心

每个人都有自己的长处和不足，没必要过分掩饰自己的缺点和错误。知之为知之，不知为不知，不要不懂装懂，要把精力用在事业上面，使虚荣心这种变态“能量”得到转化，达到心理平衡。

2. 加强自我调控

要克服自己的抵触情绪，以及不理智的言行。主动承认自己的错误，发现自己的错误时，要善于用幽默自我解嘲，给自己找个台阶下，不要顽固地坚持自己的观点。

3. 提高个人修养

开阔自己的知识面，把自己从教条和陈规陋习中解脱出来。尊重和信任他人，养成宽以待人的好习惯。虚心学习，不要自我满足，要善于接受新知识，不要斤斤计较微不足道的事情。

4. 多读书，读好书

法国数学家、哲学家笛卡尔说过：“读一些好书，就是和许多高尚的人谈话。”实践证明，阅读一些伟大人物的传记，能使那些固执的人得到心理上的慰藉。掌握丰富的知识，能够使人思想开阔，使人不拘泥于陈规陋习。

总之谬执要不得，它是固执的一种深刻表现。我们一定要从各个方面努力克服固执心理，让自己成为一个乐观、开朗、豁达的人，不要陷于执迷不悟的痛苦深渊当中。

幸福心语

人生需要坚持到底的勇气，但是这不代表我们可以接受谬执。很多时候，“坚信”和“偏执”之间只有一步之遥，如果掌握不好它们之间的尺度，很可能陷入谬执的痛苦深渊。

一念无明，无始无明

佛语曰：“一念无明，无始无明。”这句话的大体意思就是一念过去接着一念又生起，欲念不断地生起、灭掉，接着又生起、灭掉，没有停息的时候。可见人之所以烦恼，皆在于人有欲念，欲念无穷，烦恼无边。

其实，人生快乐还是不快乐，幸福还是不幸福，很多时候就在我们一念之间。

有这样一则寓言：

上帝将一把快乐的种子交给幸福之神，让他到人间去播撒。

幸福之神临行前，上帝不放心地问：“你准备将这些快乐的种子播撒到什么地方?”幸福之神胸有成竹地说：“你放心好了，我准备将这些种子藏在最深的海底，让那些寻找快乐的人，只有经历过大海的洗礼后，才能找到它。”

上帝听了幸福之神的话，意味深长地摇了摇头。幸福之神思考了一会，继续说：“那我就把它藏在高山底下吧，让寻找快乐的人通过磨茧的手掌来证明它的存在。”上帝听了之后还是摇头，此时，幸福之神茫然了。

上帝看了看一脸茫然的幸福之神，意味深长地说：“你选择的这两个地方都不安全啊。你应该把这些快乐的种子播撒到每个人的心里去，只有那里才是不容易被发现的地方。”

看了这个寓言你是否会豁然开朗，其实没有什么人或事能够令我们不快乐，而快乐恰恰就住在我们每个人的心里，只要自己让自己快乐起来，那么你就是快乐的。

现实生活中，我们每个人都渴望拥有快乐，有时候千方百计地去寻找快乐。然而在寻找快乐的时候，却忘记了那颗藏在心中的快乐种子，反而会受他人或者环境的影响，让心中充满了忧伤、不满或抱怨。

实际上，开启快乐之门的钥匙就掌握在我们自己手中。我们为什么要让他人或者外界环境来左右我们的心情呢？人生不过短短几十年，最多上百年，何必斤斤计较太多！我们要随时为自己心中的快乐种子播洒希望的阳光和真诚的雨露，让它不断地在我们心中生根、发芽，开出最灿烂的快乐之花。

快乐就是一种心态。一念愉悦，神清气爽；一念无明，悲痛万分。快乐不快乐全在于一念之间。

某村有个姓王的大嫂，她早年守寡，一个人辛辛苦苦地把两个儿子拉扯大。王大嫂的两个儿子非常有出息，都进了城，一个办起了遮阳帽厂，另一个开了家雨伞厂。但此后，王大嫂一直忧心忡忡，闷闷不乐，过了一段时间竟病倒在了床上。

村里的乡亲知道王大嫂的病因后，便去为她解忧。邻居羡慕地说：“王大嫂，你真是太幸福了！”

王大嫂说：“我有什么好幸福的呢？我一天到晚地担心，都快要忧愁死了！”

邻居说：“我就不明白了，现在你两个儿子都成家立业了，还有什么可愁的呢？”

王大嫂说："我就是因为两个儿子的事而发愁的。我大儿子办了一个遮阳帽厂，下雨天遮阳帽不好卖，我为他发愁；小儿子办了一个雨伞厂，晴天雨伞不好卖，我又为小儿子而发愁。所以，无论天晴还是下雨，我都发愁啊，这还有什么幸福可言呢？"

邻居说："王大嫂，你为什么不这样想：天晴，你大儿子卖遮阳帽赚钱；下雨，你小儿子卖雨伞赚钱。所以，无论天晴还是下雨，你儿子都赚钱，所以你应该高兴才是啊！"

王大嫂听后，觉得有理，长期以来笼罩在她心上的忧虑顿时烟消云散，病也好了许多。

幸福，就在我们一念之间。很多时候，我们之所以不快乐，就是因为我们像王大嫂一样杞人忧天。

每个人的生活都不是一帆风顺的，人生中总会遇到大大小小的一些事情，有些事情是我们左右不了的，何必终日忧愁，自寻烦恼呢？

生活是美好的，只要我们心中是晴天，那么生活中便处处充满了快乐！

幸福心语

快乐就是一种心态。一念愉悦，神清气爽；一念无明，悲痛万分。快乐不快乐全在于一念之间。

因为迷路，所以忙碌

终日忙忙碌碌却不见成效，比他人付出了更多努力却没有收获，很多人都为此烦恼。

为什么会出现这种现象呢？正是因为“迷路”，所以忙碌。

生活如处茫茫沙漠，如临瀚海森林。假如我们没有明确的方向，即使终日奔波，也难免于原地转圈而不见进步。

俗话说：“人生当立志，无志事难成。”

人生在世，很多时候都被生活所迫，忙忙碌碌做一些自己并不喜欢做的事情，身心疲惫。深陷日复一日的忙碌中，而忘记了静下心来去寻找出路。或许你会感叹，如此的忙碌，毫无希望，什么时候才是终点呢？叹息是没有用的，只有挺起胸膛，勇敢地去探索出路，找到人生的目标，这样人生才不会迷茫。

在人的一生中，除了年幼无知的童年时期外，其他每个不同的成长发展阶段都与立志有很大的关系。简而言之，青少年求学阶段，尤其是大学时期，是人生志向的确立时期；中年工作阶段，是人生志向的实现时期；老年阶段，是对人生志向的回顾与反省时期。而那些迷茫的人，归根结底都是因为没有志向，没有奋斗的方向。一个没有志向的人就像一艘没有舵的船，永远漂流不定。

人的生命因短暂而珍贵，人的一生因不断追寻生命的意义而体现价值。可以说，人生就是一个不断确定目标，追寻生命意义中的阅历累积和修养提升的过程。世上能够干出惊天动地的事情的人寥寥无几，因此大多数人都是平凡的个体。我们只有立足于实际，选择适合于自己的人生目标，才能让自己的人生意义和价值最大化，从而不虚度年华。

琼·菲特说：“信心和理想乃是我们追求幸福和进步的最强大推动力。”我们选择了人生目标之后，就要朝着自己的目标，在执着坚守平凡中用心去追求，脚踏实地、勤奋敬业，都能在平凡的岗位上闪光，创造出非凡；反之，好高骛远、见异思迁、不思进取、浑浑噩噩，结果只能是年华虚度、碌碌无为。

或许有人说，我现在工作繁忙，为了生活每天忙忙碌碌，根本没有时间考虑什么人生目标和志向的问题了。此言差矣！这是本末倒置的说法。

实际上正是因为你没有人生目标和志向，才会生活得庸碌不堪。古今中外，凡是有所成就者都是坚持自己志向的人。

唐朝著名学者陆羽，从小是个孤儿，被智积禅师抚养长大。陆羽虽身在庙中，终日诵经念佛，却喜欢吟读诗书。陆羽执意下山求学，遭到了禅师的反对。禅师为了给陆羽出难题，同时也是为了更好地教育他，便教他学习冲茶。在钻研茶艺的过程中，陆羽碰到了一位好心的老婆婆，不仅学会了复杂的冲茶的技巧，更学习了不少读书和做人的道理。当陆羽最终将一杯热气腾腾的苦丁茶端到禅师面前时，禅师终于答应了他下山读书的要求。后来，陆羽撰写了广为流传的《茶经》，把祖国的茶艺文化发扬光大！

一个有志向的人，不管是身处逆境还是顺境，不管是年轻抑或年迈，都不会失去人生的方向。

在日本有一位老妇人，在99岁生日的时候出版了她的处女诗集——《永不气馁》。不久，其销售量就突破了23万册，在诗歌衰落的日本引起了很大的轰动。这在日本是个奇迹，因为即使经过出版商包装策划的专业诗人所写的诗歌集，最多也就能卖出几千册。而这位老妇人的诗集首印1万册却一售而空，连续加印8次都供不应求。

这位老妇人92岁才开始写诗，原因是儿子怕她感到孤独，希望她写点文字聊慰寂寞。而这也恰恰是她的爱好，于是拿起了笔。她的诗歌并不华美，大多是浅显易懂的白话，但是她的诗歌充满了彩色的梦想，字里行间透露着一种难以言传的朝气。编辑们被这位特殊的作者深深感动，《产经新闻》特意为她开辟了专栏。她的读者从14岁到100岁都有，出版社收到了近千封读者来信，很多读者读了她的诗后都有种想流泪的感觉。

之所以会有那么多人喜欢这位白发苍苍的老妇人写的诗歌，正是因为她有一颗永远保持纯真和浪漫的追梦之心。一个有梦想的人活着才有意义，一个忠实于梦想的人才不会因老之将至而感到惴惴不安。

梦想可以征服一切，人生有梦才能不惧岁月的流逝和命运的沧桑。在这位百岁诗人面前，我们是否还有理由抱怨生活的重负，让我们无暇顾及志向，让我们忘记理想呢？

幸福心语

好高骛远、见异思迁、不思进取、浑浑噩噩，结果只能是年华虚度、碌碌无为。

不幸福源于不接受现实

一帆风顺只是人们的愿望，每个人的一生中都会遇到或多或少的不幸：考试失败、事业低谷、爱情遇挫、失去亲人……人生中总会遇到一些不幸的事情。

在现实生活中，有些不幸是可以通过自己的努力来改变的，而有些不幸则是我们无能为力的。当我们面对挫折和不幸的时候，即便是终日悲伤也无济于事，反而微笑地接受现实才能给生活带来新的希望。

法国著名作家安东尼·圣艾修伯里不但以《小王子》而享誉全世界，而且他还是一名优秀的飞行员。第二次世界大战前夕，他参加西班牙内战打击法西斯分子，后来陷入魔掌却奇迹般死里逃生。他根据这段经历写了一篇文章——《微笑》：安东尼被敌军俘虏，关进监牢。看守监牢的警卫一脸凶相，态度极为恶劣。安东尼心想，明天绝对会被拖出去枪毙，不禁陷入极端的惶恐与不安中。他翻遍了口袋，终于找到了一支香烟，但找不到火柴。

他鼓起勇气向警卫借火。警卫冷漠地把火递给他。

他在文中写道：当他帮我点火时，他的眼光无意中与我接触，这时我突然冲他微笑。我不知道自己为何有这般反应，在这一刹那，这微笑如同浪花般冲破了我们心灵之间的隔阂。受到我的感染，他的嘴角也不自觉地现出了笑容，虽然我知道他原无此意。他点完火后并没离开，两眼盯着我瞧，脸上仍然带着微笑。

我也以笑容回应，仿佛他是个朋友，他看着我的眼神也少了当初的那股凶气。"你有小孩吗?"他开口问道。"有，你看。"我拿出了皮夹，手忙脚乱地翻出了我的全家福照片，他也掏出了照片，并且开始讲述他对家人的思念。这时，我眼中充满了泪水，我说我害怕再也见不到家人，我害怕没机会看着孩子长大……他听着也流下了两行眼泪。

突然，他二话不说打开牢门，悄悄带我从后面的小路逃离监狱，他示意我尽快离去。之后，他转身走去，不曾留下一句话。

哲学家尼采曾把笑称作"人类解除生活愁苦的一大发明"。一个微笑就让身临险境中的人顺利脱险。如果当初安东尼·圣艾修伯里因为第二天就要被枪毙而对狱警大吼大叫，或者暗自恐慌的话，肯定是难逃一劫。

现实生活中我们常常因消极、悲观、烦闷而抱怨生活的不幸福。如果我们能够以平常心接受那些所谓的不幸，生活又会是什么样子呢?就如美国心理学家马腾博士所说的一样，"在庞大的宇宙中，你只是极小的一部分，极不重要的一部分。世界上有成千上万的人正在遭受着跟你一样的痛苦，有许多人远比你不幸得多"，我们还有什么理由来抱怨自己的不幸呢?相反，只有勇敢地接受现实，才有可能得到幸福。

其实，接受现实比改变现实更需要勇气。很多时候我们之所以不接受现实，就是因为我们错误地认为我们能够改变它。所以，当我们还不能采取有效的方法去改变现实的时候，我们就应该学会接受它。当我们接受现实的时候，也就是承认了目前我们已经做到了最好。只有这时我们才会感到快乐和安宁。

总之，在人生中遭遇挫折也好，痛苦也罢，只有学会接受现实，才能有新的起点，才能静静地开始走向美好。平静地接受现实，拿出顺其自然的勇气，坦然面对痛苦和挫折，积极地看待人生，我们又怎么会不感到幸福呢！

幸福心语

当我们面对挫折和不幸的时候，即便是终日悲伤也无济于事，反而是微笑地接受现实，才能给生活带来新的希望。

第二章

生命本真含义的主题

蓝天很美，因为它喜欢白云朵朵飘过；溪水很美，因为它接纳一路起伏欢歌。悦纳生活，不论怎样的情境呈现，那份感恩与友善不变；自我负责，任凭生活风起云涌，顽强活出美好的风景。爱自己的人不疾不徐，好像一朵玫瑰，在风雨中快乐成长，在阳光下绽放美丽。

塑造健康美好的心灵世界

俗话说：“人美在心，话美在真。”心灵美才是真的美。那些华丽的服饰下面包藏着一颗肮脏的心的人，衣着再美也难藏其丑陋的罪恶本质。

心灵美在日常生活中并不少见，大家在赞美一个人的时候，常常说这个人很善良，心灵美。大家都知道美与真、善是有着联系的，美就是建立在真、善基础上的。

一般来说，只有符合真、善的东西才是美的。这个“真”就包含有真理和真实的意思，就是不荒谬、不虚伪。“善”可以说就是对社会、对社会群体的直接功利。如果一个人没有优秀、善良的品质，那他不会是美的。

美存在的终极意义也是为了达到真、善。美的事物总是鼓舞着我们去热爱生活、改造世界。它能够振作人的精神，陶冶人的情操，使他们为真理、为光明的未来而奋斗。

有一个真实的故事，我们可以通过它看到美的力量。

阿拉伯有一位著名的歌唱家叫费鲁兹，她曾演唱过一首很动人的歌曲叫《我爱你！啊，黎巴嫩》。这首歌深为大众喜爱。

黎巴嫩曾一度处于战火之中，许许多多的黎巴嫩人怀着忧伤、沉痛的心情离开了祖国，四处流亡。有一次，西方一个国家的首都举行了一次圣诞节舞会。会上有个黎巴嫩人触景生情，抑郁地唱起了《我爱你！啊，黎巴嫩》。顿时，几十个、几百个人都不约而同地跟着唱了起来。

人们停止了舞步，乐队也跟着歌曲伴奏。这歌竟唱得人们泪如泉涌。歌声就像春雨一样滋润了流亡者干枯的心田，优美的歌声使流亡的黎巴嫩人的心灵得到了温暖和希望。

这首歌之所以能够打动那么多人，就是因为它具有真实情感的“美”。

具有美感的作品能够打动人心，一个心理健康、心灵美好的人能够带给身边的人快乐。世界卫生组织（WHO）就提出：“健康不仅是躯体没有疾病，还要有完整的生理、完满的心理状态和良好的社会适应能力。”

研究表明，人类的心理健康表现就是具有进行创新所需要的正常智力；有比较坚强的意志；能协调控制情绪；有合群、和谐的人际关系；尊重生活，热爱自然环境，客观地认识自己和悦纳自己；心理和行为符合年龄特征。

由此可见，心理健康也是一个多要素的整合体，某一种要素的不良都会危及心理健康。同时又可看出，心理健康既是一种现实可行的生活目标，又是一种积极乐观的人生态度，心理健康是有弹性的道德准则。

心理问题不容忽视，一个心理不正常的人，不仅自己生活得不幸福，还会给身边人带来伤害（患有精神疾病的人伤害他人的事件时有发生）。心理不健康的人情绪不稳定，容易走极端，而情绪不好又会带来一系列的疾病。

现代医学研究证明，抑郁症和精神分裂症患者，大多性格孤僻，适应社会生活的能力差；高血压、心脏病、溃疡与性格暴躁有关；人们对糖尿病的发病机理虽然没有完全弄清楚，但是过度的情绪变化导致糖尿病却是不争的事实。

有人做过一个实验，他把一只猫放到笼子里让它一宿不睡，当它眯眼时就捅一下，第二天把猫的尿液进行尿糖检测，发现三个“ +”。

由此足可说明，猫在一宿之间有了“糖尿病”的征象。而这正是由于愤怒和郁闷使猫的内分泌紊乱，导致酸碱度失衡，使得猫在一夜之间患上了“糖尿病”。

这个实验说明了糖尿病也是心理病。心境好的时候各种脏器都能正常运转，情绪不良则导致生理机能紊乱，就会出现各种疾病。

马克思曾经说过：“一种良好的心境比十服良药更能解除心理上的疲惫和苦楚。”无数的事实证明，一个人情感的贫乏以致性格的畸变，比知识的贫乏和缺失更具危害性。换言之，心理病症比生理病症更可怕。

不仅如此，心理健康还与人生成功密切相关，心理健康是事业成功的前提和保障。因为情绪影响心智，干扰人们对事物的判断以及做出正确的选择。人是身心的统一体，没有健康的心灵，就没有健康的体魄，也就没有从事学习、工作所需要的体能，成功也就无从说起。可以说，如果一个人的心理是病态的，那么其人生也必定是痛苦忧伤的。

对于这一点，古今中外这方面的例子可谓不胜枚举。

● 贪婪、冷酷的美国石油大王洛克菲勒的财富像贝斯比亚斯火山流出的岩浆一样源源不断地流入他的金库时，他没有体验到成功的喜悦，贪婪控制了洛克菲勒的身心，让洛克菲勒疾病缠身，变得像个木乃伊。

● 埃及最后一任国王法鲁克，他拥有无法计算的财产，可是他就喜欢在王族宠戚、达官显贵中扒窃，以满足他的偷窃癖。

● 享誉中外的台湾作家三毛一生自杀数次，她在不断超越自己，追求卓越的同时，不断地给自己增加心理压力，在心理无法承受生命的负荷时便选择了自杀。

● 日本作家端康川成与三毛有类似的人生经历。

● 性格偏执的世界著名画家凡·高割下自己的耳朵作为礼物赠送给他心爱的恋人。

● 忠孝两全的关羽过五关斩六将，英勇无敌，但因性格刚愎傲慢，终于败走麦城而死。

- 羽扇纶巾、身经百战的东吴大都督周瑜因性格过于急躁被诸葛亮活活气死。
- 才貌双全的林黛玉因性格多愁善感整天哭哭啼啼吟着葬花词，终因积郁成疾呕血而死。
- 青年诗人顾城因性格孤僻、心胸狭窄导致精神分裂，最终走上了杀妻自戕其身，制造了一幕惨绝人寰的悲剧。

现代社会中，随着人们生活节奏的加快，人们的心理压力越来越大，各类心理问题日益突出，各种心理疾病不断出现，从普通百姓到明星大腕，从在校大学生到企业精英，不堪生命重负而自杀的人不断增加。伴随着当今科技的迅猛发展，每个社会成员都应保持健康的心理，担当起经济和政治改革所带来的冲击。我们应该学会控制自己的情绪，养成战胜困难的坚强意志、自信乐观的心理，塑造一个健康美好的心灵世界。

幸福心语

心理问题不容忽视，一个心理不正常的人，不仅自己生活得不幸福，还会给身边人带来伤害。因此，我们要做一个心理健康的人。

走进洋溢着积极信息的精神家园

全国政协委员强亦忠曾说：“精神病不只在中国，它已成为当今世界最常见的一种疾病，并且正在以较快的速度增长，成为严重威胁人类健康和影响社会安定的重要因素。据世界卫生组织估计，目前世界上有 4 亿多人在遭受精神和神经疾病的痛苦或社会心理问题的折磨，其中精神分裂症患者的人数达到6000万左右。我国的抽样调查表明，全国精神病人总数达到1600万。”

为了提高公众对精神卫生问题的认识，促进对精神疾病进行更公开的讨论，鼓励人们在预防和治疗精神疾病方面进行投资，早在1992年世界精神病学协会就发起了“世界精神卫生日”活动，把每年的10月10日定为“世界精神卫生日”。世界各国每年都为“精神卫生日”准备了丰富而周密的活动，其中就包括为宣传精神卫生而拍摄的促进精神健康的录像片，并且还开设了心理支持热线等。创设世界精神卫生日的目的，就是提高公众对精神卫生问题的认识，促进对精神疾病进行更公开的讨论，鼓励人们在预防和治疗精神疾病方面进行投资。

据世界卫生组织公布的最新数据显示，在世界范围内，每秒就有一人死于自杀。精神健康障碍已成为严重而又耗资巨大的全球性卫生问题，影响着不同年龄、不同文化、不同社会经济地位的人群。世界卫生组织认为，精神卫生就是一种科学的健康状态，在这种状态中，每个人都能够认识到自身的潜力，并能够适应正常的生活压力，能够有效地工作，能够做出自己的贡献。因此，我们要做一个拥有精神卫生的人。

要做一个拥有精神卫生的人，就要走进洋溢着积极信息的精神家园。实践证明只有正直强健、符合人间正道的精神追求和信仰，才是人生“永远的支柱”，才会令生命充满意义。人是要有一定的精神的，这个精神的最高境界就是信念。在我们的人生当中，真正能够起到支持起精神大厦的支柱作用的只有信念。理性信念是一个人精神世界的主宰，是人的世界观、人生观在奋斗目标上的集中反映，是我们工作、学习、生活的根本动力。

人的精神生活也如同物质生活一样，水平有高有低，质量有好有坏，而正直强健、符合人间正道的健康精神追求，是精神生活的最高境界。它令人生充实丰满，令生命具有了超越生命本身的价值和意义。所以，人与动物的根本区别就在于人有思想、有情感、有精神追求。在人类文明的历史长河中，对精神世界和终极关怀的探索与追求就汇成了一股延绵澎湃的源泉，推动着文明的进步、社会的发展。

无论是个人还是一个民族，都需要有理想和信念作精神支柱。对个人来说，理想和信念是主心骨，是一个人对事业执着追求、奋斗进取的精神支柱。对一个民族来说，理想和信念就是民族的凝聚力，是民族精神的体现。科学的理想和信念可以引导和激励人们自强不息、奋发进取，可以使人养成浩然正气，抵御各种错误和腐朽落后思想的侵蚀，走正确的人生道路。

思想决定行动，那么我们应该怎样树立正确的精神追求，走进洋溢着积极信息的精神家园呢？

首先，我们要树立起崇高远大的理想，跳出“小我”的自私和狭隘的世界去关注身边的人，要胸怀国家和民族，把个人的命运和国家、民族的命运紧紧联系在一起，不懈地探索和追寻真理、正义与永恒，最大限度地实现人生的价值。

其次，我们要把握健康、高尚的精神追求所具有的特征和属性——人道性、合法性、时代性、社会性和坚定性，与行动结合在一起。我们的精神追求只有符合这些特征，才是健康的、高尚的，我们才是洋溢着积极信息和正能量的人。

最后，精神追求要与社会实践相联系。正所谓“实践是检验真理的唯一标准”，精神追求无论是崇高的还是普通的都不能脱离社会实践，否则就是一种不切实际的空想或妄想。只有通过社会实践的检验，才能证明精神追求是否正确。

总之，对于平凡的人来说，也许我们的精神追求不是那么的闪耀辉煌，但我们完全可以将自己的精神追求化为点点滴滴的正能量，播洒在生活和工作当中，在实践中时刻不断地思索、积累、进步和升华，做到“每日三省”，从而始终保持健康向上、积极进取的思想和精神状态，努力做到敬业奉献、尽职尽责、拼搏奋斗、勇攀高峰！这样才可以使平凡的人生变得不平凡，才可以实现超越生命的意义与价值。

幸福心语

只有正直强健、符合人间正道的精神追求和信仰，才是人生“永远的支柱”，才会令生命充满意义。

培育建设性的情绪状态

人的一生中都会有情绪相伴，它是我们生命的能量的传递。情绪的力量十分强大，有时候我们难以控制。你是否有过情绪爆发后的独自后悔？是否在平时一再忍耐却因一点小事爆发？实际上这就是我们主动压抑情绪的表现。

情绪管理不是一件容易的事情，简单地压抑、控制自己的情绪，只能让情绪越积越多，越积越坏。我们要正确理解情绪，在体察、接纳自身真实情绪的基础上，掌握调适不良情绪的有效方法与技巧，让自己成为情绪的主人。只有当情绪被承认、被接纳、被赞赏，用合适的方式表达，当它的力量被我们建设性地使用的时候，才会对我们有帮助。

情绪是我们对自己感觉的一种体验，一般来说情绪分为两类：积极情绪和消极情绪，二者是对立的两个方面。就像我们所理解的爱的反面是恨，欢天喜地的反面是伤心难过。除了这些以外，我们还会体验到各种各样的感觉：做了一件事情后，会因担心这件事引起不良后果而忐忑不安；每当有重要的结果公布之前，都会因等待而感到焦急；当与人争吵时，我们会感到很生气……这些都是情绪的反应，更是我们内在的感觉。

对于很多人来说，我们常常会隐藏自己的情绪或者夸大坏情绪的影响。对此很多人提出了自己的观点，有的人提出情绪影响人的判断力，只有摆脱情绪的困扰，才能头脑清晰、智力超群的观点；有的人认为可以选择性地去掉一些负面情绪，那样我们才能够开心快乐。实际上，情绪的力量是整体的，只有自由地体验各种情绪，才能感受更多流畅的情绪。每种情绪都有它独特的存在价值和功能，都是我们可以利用的能量，如果为了一种情绪而忽略或者摒弃其他情绪，我们就不能完整地体验到生活的情趣。

纪伯伦曾说："悲伤在你心中切割得愈深，你便能容纳愈多的快乐。"作为消极情绪的悲伤同时也是一种能促进深沉思考的反应，可以让我们在失去中总结经验教训，从而更加珍惜所拥有的。有些体验虽然让我们难受，但却可以提高神经系统的灵敏度和对潜在问题的警觉，从而获得正常情况下不能得到的信息，迅速作出反应。因此，我们应欣然接受自己的各种情绪，把它们看作自然和正常存在的事情，要比压抑和否认有益处。

对于一个健康的人来说，判断情绪的好坏意义不大，但关注怎样表达情绪却会有巨大的建设性。对此，我们就可以从以下几点做起。

1. 察觉评估情绪

原生情绪是最自然的情绪，喜怒哀乐生起自如，毫不夸张，毫无掩饰。把这种感觉自然地流露和表达，它就会自然终结，进而导致建设性的行动，并对他人有感染力。例如，阴雨连绵过后，看到阳光普照而心情愉悦；面对升职加薪而心花怒放；失恋时垂头丧气，对任何事情都提不起精神。当我们了解了情绪的特性，我们就可以对它进行觉察和评估。

在我们对情绪察觉和评估时，首先要及早发现自己现在有什么情绪，是伤心、失望、高兴、担心、害怕、烦恼、希望、平静呢，还是其他。有些情绪会带有一些生理反应，例如自己处于紧张、焦虑或者愤怒当中时就会伴随心跳加速、胃部开始紧缩等。及早发现自己的生理反应有助于我们对当下的真实感受做出准确的判断。其次，找到我们出现这种情绪反应的原因。自己为什么伤心？为什么愤怒？找到原因就能衡量我们的反应是否适度。

2. 适当表达情绪

适当地表达情绪是指我们所表现出的情绪和所遇到的事件呈现出一致性。当我们的情绪表达符合所遇到的事件时，产生的行为是自然的、合理的，也是具有建设性的，会使自己更健康或不受到伤害，也会对他人有帮助。相反，如果我们把情绪当作行为的基础，例如某人误会你了，你生气了，伺机报复，这样做导致的结果就是破坏性的。

还有的人一想到他人对自己所做的一件小事就咬牙切齿，想象着拿刀杀了他才解气。一件小事情就能引起如此大的反应，显然是不恰当的。但是，适当的愤怒是可以提倡的，因为愤怒可以充分调动身体的能量，从而对一个不想接受的状况做出改变的行动准备。如果害怕愤怒会带来不良的后果，从而压抑、忽视愤怒的话，也不是适当的情绪表达方式。

我们要直面愤怒，相信愤怒是在特殊情况下自然的人类情感，要大胆而坦诚地与让自己愤怒的人交流，以便于化解愤怒情绪。

例如，在家庭当中，你的另一半让你感到愤怒的时候，你可以说“这么晚回家，我很担心你”，而不是“这么晚了你还知道回家啊”。在表达自己的感受的时候，尽量不要用指责对方的口气，这样会让愤怒造成的破坏性结果小得多。通过这样的表达方式，我们还可以获得能够自我控制的感觉，并且会提高自我的满足感，避免愤怒在我们体内越积越多。

实际上，人的每一种情绪都蕴含着建设性的力量，可以推动我们做出对自己和他人有益的行为。有时候我们所遇到的有关情绪的问题根源并不在情绪本身，而在于我们如何认识情绪、察觉和评价情绪以及怎样采取合理的方法表达情绪，不断地培育建设性的情绪状态。只有建设性地使用我们的情绪，才会使生活更健康、更幸福，才会使人生更容易获得成功。

幸福心语

每种情绪都有它独特的存在价值和功能，都是我们可以利用的能量。如果为了一种情绪而忽略或者摒弃其他情绪，我们就不能完整地体验到生活的情趣。

活得舒爽且富有品质

“适度消费，快乐生活”是和谐社会的理想生活模式，但是很多人都偏离这个轨道，制造着消费的不和谐音符。“超前消费”“赤字消费”等消费现象在现代人群中已屡见不鲜。物质是人们生活的基础和保障，但是我们不能被物质所迷惑，而是要时刻不忘坚持自己的理想，我们只有不懈地努力，实现人生目标，才能获得有意义的人生。

有一群年轻人去寻找快乐，但是遇到了很多烦恼、忧伤和痛苦。他们向苏格拉底请教：“快乐到底在哪里？”苏格拉底说：“你们还是先帮我造一条船吧！”年轻人暂时将寻找快乐的事放在一边，找来造船工具，用了七七四十九天，锯掉了一棵高大的树，把树心掏空，造成一条独木船。独木船下了水，年轻人把苏格拉底请上船，一边合力荡桨，一边齐声歌唱。苏格拉底问：“孩子们，你们快乐吗？”年轻人齐声回答：“快乐极了！”苏格拉底说："快乐就是这样，它往往在你为一个明确的目标忙得无暇顾及其他的时候突然来到。"

一些肤浅的人会拿财富的多少来衡量生活的品质。他们认为钞票够多、房子够大、服饰极尽奢华就是生活得有品质。因此，奢华风气在社会上流行，导致简朴的生活离我们越来越远，幸好习近平主席及时倡导了勤俭节约的风气，才使我们能够意识到奢华之害，刹住奢侈之风。

一个富翁拥有许多的金银财宝，却总是感到自己不快乐。于是他想，快乐也许在别处。因此，他决定去寻找快乐。

临行之前，他也没有忘记背上许多金银财宝。可是，当他走了很多地方，他依然没有寻找到快乐。他沮丧地坐在山道边。

这时，一个农夫唱着歌从山上走下来了。富翁问农夫："我有很多的钱，别人都羡慕我，可我为什么不快乐呢?"

农夫放下柴草，一边擦汗，一边笑眯眯地说："快乐很简单，放下就是快乐!"

富翁一瞬间恍然大悟，自己背着那么多的金银财富，老怕别人抢去，还担心遭人暗算，所以整天忧心忡忡，感受不到快乐。从此以后富翁学会了慷慨解囊，以慈悲为怀做了很多的善事，他成了一个快乐的人。

很多时候，我们就像故事中的富翁一样，背负着沉重的负担，感觉不到生活的快乐，一旦放下了就会感到活得很舒爽。

我们不能为了追求物质的享受而成为物质的奴隶，失去快乐和自由，失去幸福。生活的品质不是由财富的多少决定的，而是决定于我们的精神生活，决定于我们的生活态度。当我们把握了对物质生活的追求尺度之后，我们才可以拥有高尚的生活品质。

最近就流行起一种生活态度，叫"0.8 生活哲学"。意思就是说，无论面对什么事情都要内心留有 8 分希望，不过满，不偏执。也就是说，凡事没必要都追求尽善尽美，只要尽到 80% 的努力就行，这样就可以将剩下

20%的力气当作回旋余地和养精蓄锐的资本。这种生活哲学就提醒我们，生活是需要有缓冲区的，要留给自己享受快乐的时间，这样生活才会有乐趣，才会更有意义。

当然，“0.8 生活哲学”并不是要我们不思进取，而是告诉我们要学会给自己留有更大的空间和机会。“0.8 生活哲学”就是要适度释放自我愿望，即使有时候会出现暂时的停滞或者倒退也不要放在心上，这样反而会让自己走得更远，可持续发展能力更强。

俗话说：“希望越大，失望越大。”有时候努力了不一定就会有相应的回报，而很多烦恼和痛苦恰恰来自我们过度的希望。如果我们用“0.8 生活哲学”来看待希望，那么我们的失望就会少一些、小一些，我们在接纳现实时就会多一分容忍，生活就会更加坦然，更加舒爽。

同样，无论是生活方式还是在交友方面，我们也应该用“0.8 生活哲学”来对待。在饮食起居方面，我们要张弛有度，松紧适宜，吃饭不过饱，运动量力而行，睡眠恰到好处，说话留有余地。在与人交往方面，或许他人的某些做法你看不惯，但人无完人，想到他 0.8 的好处，剩下的也许就可以忽略不计了。而且，通过接纳别人的失误，你也不会对自己那么苛刻了，放松心情，只求坦诚，道同就好。凡事不做满，要给自己留有空间喘息，那么幸福就孕育在 0.8 下的那两层空间中。

有人说：“真正的快乐，不是狂喜，亦不是苦痛。在我看来，它是细水长流，碧海无波，在芸芸众生里做一个普通的人，享受生命一刹那的喜悦，那么我们即使不死，也在天堂了。”笔者很赞同这段话，活得舒爽并且有品位的人生，一定是不在意得失、看淡喜悲的人。

幸福心语

“适度消费，快乐生活”是和谐社会的理想生活模式，但是很多人都偏离了这个轨道，制造着消费的不和谐音符。而如果能看得淡一些，少一分争强好胜，也许我们的人生会更精彩。

提升生活质量从心开始

在忙忙碌碌的生活中，我们常常抱怨生活质量不高，感觉不到幸福。那么，如何进行新的人生规划，改变自我，提高生活质量呢？

《美国新闻与世界报道》曾发表了一篇封面文章《2009 年，提升你生活的 50 种方式》，虽然这篇文章的发表距今已经有四五年的时间了，但是它对我们提升生活质量依然有很重要的指导作用。

该文章就工作、身体、精神、理财、娱乐、人际关系处理等方面，提出了 50 个有趣、实用且有科学依据支持的好建议。在此，我们介绍几种能够从心开始提升生活质量的方法，以供大家参考。

1. 心理愉悦

如果我们仔细观察就会发现，有的人实际年龄比较大，但是从外貌上来看显得很年轻；有的人实际年龄不大，但是看起来比较沧桑。有些人（尤其是一些女人）为了让自己"青春永驻"，不惜重金购买各种化妆品、润肤品。虽然人的容貌和生活、环境、卫生、医疗条件等有一定的关系，但是科学家研究发现健康的心理状态才是人类最好的美容师。

据近代科学研究，人处于最佳情绪状态时，大脑内的神经传导物质乙酰胆碱分泌增多，面部肌肉放松，皮下血管扩张，血液可以较流畅地通过皮肤，在良好血氧供应下，脸色就会显得红润漂亮。相反，当人处于焦虑、愤怒、恐惧、沮丧、悲伤、不满、忧郁、紧张等负性情绪时，下丘脑通过大脑皮质层抑制分泌神经传导物质，而过多地分泌肾上腺素，促使动脉小血管收缩，使供应皮肤的血液骤减，这时表皮内的黑色素含量就会增高，色泽变得较深，因而面色黯无光泽，皮肤粗糙，皱纹增多，给人以精神萎靡的感觉。由此可见，情绪对人的影响作用极大，任何形式的美容都比不上情绪状态的作用大。

2. 经常微笑

研究发现人的面部表情，是受心理作用控制的。如果一个人大度、超脱、心无挂碍、笑对人生，他的脸上就会常常出现一副“笑相”：气色红润，充满活力，光彩照人，魅力无限。时间长了，这种“笑相”就能够在脸上凝固、定格，从而“青春永驻”。相反，如果一个人心理不健康，思想上经常出现各种各样的障碍，整日一副“愁相”“苦相”“怒相”“病相”，久而久之这种相也会定格在脸上，从而显得未老先衰。

如何才能避免这种“愁相”“苦相”的产生呢？当然是要保持健康积极的心理状态。一位心理学家就选择了一位“丑小鸭”式的女大学生做过实验，他要求该女生班里的人都把那位女生当作漂亮的姑娘来对待。于是，大家都争先恐后地照顾这位姑娘，向她献殷勤，陪送她回家。因此，姑娘开始改变了自惭形秽的心态，沉浸在无限的幸福和喜悦当中，大家可以经常地看到她的微笑了。果然，没过多久，大家对这位姑娘看法也改变了，认为她比以前漂亮了许多。

3. 积极的心态

心态决定命运，人与人之间一点小小的差异就能造成巨大的不同。这里的小小的差异就是指心态的差异，巨大的不同就是指成功或失败。

有些人总喜欢抱怨别人造成了他们现在的境况，环境决定了他们的人生位置，这些人常说他们的想法无法改变。其实，我们的境况不是周围环境造成的，我们的处境如何都是由我们如何看待人生决定的。纳粹德国某集中营的一位幸存者维克托·弗兰克尔就说过：“在任何特定的环境中，人们还有一种最后的自由，那就是选择自己的态度。”

成功学的始祖拿破仑·希尔曾说：“一个人能否成功，关键在于他的心态。”成功人士与失败人士的差别就在于成功人士大都具有积极的心态，而失败人士则运用消极的心态去面对人生。积极的心态就是正确的心态，正确的心态就是由正面的特征所组成的，如信心、诚实、希望、乐观、勇气、进取、慷慨、容忍、机智、诚恳与丰富的常识等；至于消极的心态，它的特性却都是反面的，如消极、悲观、颓废的、不正确的心理态度等。

人们在用积极的心态看待事物时，就会产生良好的愿望，从而朝着那一方面努力，好运便会到来。积极心态就是一种对任何人、任何情况或任何环境所把持的正确、诚恳而且有建设性，同时也不违背法律、道德和人类权利的思想、行为或反应。心态积极的人会不断地扩展自己的希望，并克服所有的消极心态，给人以提高生活质量的精神力量、热情和信心。

总之，当我们面对同一事物时，心态积极的人看到的是希望，消极的人看到的是困难和挫折。而只有那些始终用积极的思考、乐观的精神和辉煌的经验支配和控制自己的人生的人，才不会生活得空虚、颓废、猥琐、悲观、失望。

幸福心语

积极心态是一种对任何人、任何情况或任何环境所把持的正确、诚恳而且有建设性，同时也不违背法律、道德和人类权利的思想、行为或反应，具有这种心态的人就会像阳光，走到哪里，哪里就会有亮光。

展现生命的固有力量

我们都知道生命的力量很强大，一粒种子播撒在石头缝里，抑或是悬崖峭壁上都可以生长得很旺盛。一粒种子尚且具有如此顽强的生命力，人类生命的力量更是不可估量。

或许有人会问什么是生命的力量，相信读了下面的小故事，你就明白了。

从前有个秀才看破了红尘，到寺庙出家。寺庙的清净与优雅，并没有引起他对人生的思索与留恋，整天叫嚷着干什么都没有兴趣，活着没意思，不如早点去见阎王。无论僧众怎么劝他，他都听不进去。

一天，负责照顾、看守他的小和尚睡着了，精神郁闷的秀才一下子投了井，幸亏小和尚发现得及时，找人救起了他。几位师兄都哭了，劝他要珍惜生命。秀才看见大家这样关心他，也有点不好意思，想着不应该再给大家添麻烦了，他也暂时安静了下来。可他的心结并没有打开，整天感觉心里空荡荡的。

一天，大师正在禅房里讲学，讲到生命中有一种力量，秀才没有领悟大师讲课的寓意，问大师："什么是生命的力量？"大师略有所思，带着秀才来到禅房外。

此刻，阳光明媚，花香满庭。一只小蝴蝶正在花丛中飞翔，大师立即命人拿来一张草纸，然后又指向蝴蝶，问秀才："徒儿，你看这只蝴蝶，娇小美艳，你说它同这张草纸比，孰轻孰重？"

秀才看了一眼，立即回答大师："当然是草纸重。"大师点头，笑而不答。大师轻轻地把草纸放在花丛中，没有惊动小蝴蝶，然后拿着手中的扇子，在远处对着蝴蝶和草纸突然一扇，草纸立刻飞了起来，落在了地上，而小蝴蝶却没有动。

大师笑着问秀才："徒儿看见什么了？"

秀才摸着脑袋，对大师说："草纸飞动了。"

"可有感悟？"大师接着问。

秀才有点茫然，不得其解，进而请求大师指点。大师沉思了片刻，严肃地对秀才说："草纸比这只蝴蝶重，但风一吹来却先动了，而蝴蝶却安然不动，这就是生命的力量。"

秀才还是不解，大师进一步解释说："徒儿，有生命就有力量。"

是的，有生命就有力量。我们人类作为高等动物，生命的力量要比其他一切生命的力量更厚重。人生当中会有很多苦难和挫折，面对困难我们不能逃避，而是要迎难而上，展现出生命的固有力量。

一天，一个农民的驴子掉到了枯井里。可怜的驴子在井里凄惨地叫了好几个钟头，农民在井口急得团团转，就是没办法把它救起来。最后，他断然认定：驴子已经老了，这口枯井也该填起来了，不值得花这么大的精力去救驴子。于是，农民把所有的邻居都请来帮他填井。大家抓起铁锹，开始往井里填土。

驴子很快就意识到发生了什么事，起初，它只是在井里恐慌地大声哭叫。不一会儿，令大家都很不解的是，它居然安静下来。几锹土过后，农民终于忍不住朝井下看，眼前的情景让他惊呆了。每一铲砸到驴子背上的土，它都作了出人意料的处理：迅速地抖落下来，然后狠狠地用脚踩紧。

就这样，没过多久，驴子竟把自己升到了井口。它纵身跳了出来，快步跑开了。在场的每一个人都惊诧不已。

在生活当中，我们会遇到各种困难和挫折，但这些困难和挫折恰恰就像落到驴子身上的尘土一样，我们只要勇敢地抖掉这些土，将它们统统都踩在脚下，就能从苦难的枯井里逃脱出来，走向人生的成功与辉煌。要知道，生活中我们遇到的每一个困难，每一次失败，其实都是人生历程中的一块垫脚石。

这就是“驴子的活命秘籍”——面临绝境，而不绝望。这就是生命固有力量的一种展现，当人生中遇到绝境的时候，我们既不要绝望，也不要企图依靠他人来解救自己，因为很多时候能够救我们的只有我们自己。就像那些得了绝症的人，有的人听到自己所剩时日不多，会终日抑郁消沉，很难活过医生估计的最后时光；而有的人知道自己所剩时间不多，就会放下一切烦恼、苦闷，快快乐乐地把握住所剩的每一天，病反而好起来了。

人生没有过不去的坎，大自然赐予了每种生命存活的潜能，只要我们善于克服恐惧和绝望，一切困难都不会成为我们前进的绊脚石，而是垫脚石！

幸福心语

我们人类作为高等动物，生命的力量要比其他一切生命的力量更厚重。人生当中会有很多苦难和挫折，面对困难我们不能逃避，而是要迎难而上，展现出生命的固有力量。这样我们就可以把“绊脚石”变成“垫脚石”。

让生命散发出春天般的活力

著名的音乐内科医生、医学博士 A. 托马蒂斯，50 年来一直从事音乐治病的研究。他曾用莫扎特古典音乐治愈了著名演员席拉尔·德帕尔奇的怪病。

年轻时的席拉尔内心非常压抑，他不善于表达自己的思想，由于家庭不和睦及个人生活的失败，他开始说话结巴，继而封闭自我，不与人交往，尽管他努力克服这些缺点，然而说话却越来越结巴。

当年轻的席拉尔来到诊所向托马蒂斯求助，他便给席拉尔做了检查。根据席拉尔的各项检查结果，他认为席拉尔说话结巴和记忆不好的原因不仅有生理上的问题，还有更深层的心理和感情上的问题。于是，托马蒂斯建议席拉尔做这样的治疗："你两周内每天必须听2小时莫扎特音乐。"

最初，席拉尔对于托马蒂斯开出的治疗方案感到非常吃惊，但是在经过几次"音乐治疗"之后，自己开始感觉到有了明显的改善：记忆力开始加强、食欲开始增加、睡眠开始变好。不久，席拉尔说话也比较清楚流利，结巴几乎没有了，因此自己也逐渐地恢复了自信心。接下来又经过几个月"音乐治疗"之后，席拉尔的结巴症状几乎痊愈，直到后来他成为了著名的演员。

实际上我们的生命没有活力，甚至是表现为病态，很多时候不是因为我们的身体得了严重的疾病，而是我们的心理得病了。因为我们的心病，我们害怕困难、挫折，我们的生命开始变得枯萎，失去生命的活力。

生活中，失败平庸者大多是害怕困难、遇到困难就选择逃避的人。"我不行了，我还是退缩吧。"结果陷入失败的深渊。成功者遇到困难，心态仍然很积极，时刻用"我行，我肯定行""一定能够找到解决问题的办法"的话语来鼓励自己，给自己积极的心理暗示，于是在遇到困难的时候就想尽办法，不断前进，直到成功为止。

拿破仑·希尔就讲过这样一个故事：

塞尔玛的丈夫奉命到沙漠里参加演习，塞尔玛陪同丈夫来到沙漠的陆军基地，白天丈夫参加演习，把她一个人留在营地的小铁皮房子里。谁都知道，沙漠的白天温度很高，天气热得受不了，即便是在仙人掌的阴影下也有华氏125度。而最让她难受的是她没有任何人可以聊天，因为身边只有墨西哥人和印第安人，而他们根本就不会说英语，而塞尔玛也不会墨西哥语和印第安语，每天她唯一能做的事情就是盼望丈夫早点回来，可是时间似乎总是过得很慢。她非常难过，于是就写信给父母，说她想要抛开一切回家去。

父亲的回信很短，只有简单的两行，可是就是这两行字却永远留在她心中，甚至完全改变了她的生活，那两行字是这么写的："两个人从牢中的铁窗望出去，一个看到泥土，另一个却看到了星星。"父亲的回信短促而有力，却让她心头一颤，塞尔玛明白了父亲的良苦用心，惭愧之至的她决定要在沙漠中找到星星。

于是，塞尔玛开始努力地和当地人交朋友，而当地人也很热情地和塞尔玛交流，他们的反应使她非常惊奇，渐渐地她开始对当地人的纺织、陶器感兴趣，而当地人也很大方地把自己最喜欢但又舍不得卖给观光客人的纺织品和陶器都送给了她。塞尔玛研究那些引人入迷的仙人掌和各种沙漠植物，又学习有关土拨鼠的知识。有时间的时候，塞尔玛还陪着当地人一起去观看沙漠日落，寻找几万年前这沙漠还是海洋时留下来的海螺壳，她的生活开始发生了巨大变化，原来难以忍受的环境变成了令人兴奋、流连忘返的奇景。塞尔玛再也不会有抛开一切回家去的想法了，她开始喜欢上了这个地方。

沙漠没有改变，墨西哥人和印第安人也没有改变，但是塞尔玛的念头改变了，心态改变了，所以她认为恶劣的情况，一下子变为了一生中最有意义的冒险。她为自己的新发现而兴奋不已，并为此写了一本书，以《快乐的城堡》为书名出版了。她从自己造的牢房里看出去，终于看到了星星。

科学研究表明，在这个世界上，成功卓越者少，失败平庸者多。成功卓越者活得充实、自在、潇洒，失败平庸者过得空虚、艰难、猥琐。造成这两种截然不同的结果的原因，仅仅是因为这两类人的心态不同，特别是在关键时刻的心态，往往能够决定一个人的命运。

失败平庸的人常常用消极、悲观的心态来面对困难，在困难面前他们常常绝望地认为：我个人能力有限，我看我是渡不过这个难关，算了，还是放弃吧；而成功者却不一样，他们在困难面前从不妥协，只要是问题一天还没有解决，他们都会积极地去想办法，因此他们能够不断地获得成功，让自己的生命散发出春天般的活力。

幸福心语

我们的生命没有活力，甚至是表现为病态，很多时候不是因为我们的身体得了严重的疾病，而是我们的心理得病了。

发掘和保持生命的最佳状态

有句格言说得好：“人最大的敌人就是自己。”

很多时候，人越是面对重要的抉择时反而越容易失手。为什么会出现这种情形？其实，他们不是输给了对手，而是输给了自己。

鲁国木匠梓庆削木做成悬挂钟鼓架子两侧的柱子，看见的人都惊讶不已，以为是鬼斧神工。鲁侯召见梓庆，问他其中的奥秘。梓庆对鲁侯说：“我准备做这个的时候，不敢损耗自己丝毫的力气，而要用心去斋戒。斋戒的目的，是为了‘静心’。”

“斋戒到第三天，我就可以忘记‘庆赏爵禄’了。

“斋戒到第五天，我就可以忘记‘非誉巧拙’了，也就是说，大家说我做得好也罢，做得不好也罢，我都已经不在乎了，也就是彻底忘记名声了。

“到第七天，达到忘我之境，我就可以忘记是在为朝廷做事了。大家知道，为朝廷做事心有惴惴，有杂念就做不好了。

“这时，我就进山了。静下心来，寻找我要的木材，观察树木的质地，看到形态合适的，仿佛一个成型的就在眼前。我就把这个最合适的木材砍回来，顺手一加工，就成为现在的样子了。”

故事中的梓庆斋戒是为了忘记利益，不再想着用我的事情去博取世间的大利；忘记荣誉，不再想着大家的是非毁誉对我有多么重要；忘记自己，只有达到忘我之境才可以做得更好。

其实，在生活中，我们要想尽自己最大的努力去做好一件事情，也必须做到这“三忘”。如果我们不能忘记利益、荣誉和自我，做起事来就会被许多东西束缚了手脚，就不能保持生命的最佳状态。

怎样发掘和保持生命的最佳状态是人们一直关心的问题。20 世纪初，奥地利及德国的一些科学家，在研究人体对疾病的抵抗力、人的想象力、创造力、冲动现象及学生的考试成绩中，不约而同地发现，反映人体状态主要标志的情绪、智力、体力，从人出生那天起分别以 28 天、33 天、23 天为周期，并按照正弦曲线不断循环，不停止，不改变，直到生命终了。然而这些并不是人处于最佳状态的决定因素，他们认为一个人无论原来的处境、气质与智力怎样，如果能够做到以下几点，那么他就能够保持生命的最佳状态。

1. 保持积极进取的心态

乐观面对人生，遇事往好的一方面想，向好的方面努力争取。

有一个故事在销售界不断流传：

两个欧洲人到非洲去推销皮鞋，由于炎热的非洲人向来都是打赤脚。第一个推销员看到非洲人都打赤脚，立刻失望起来："这些人都打赤脚，怎么会要我的鞋呢！"于是放弃努力，失败沮丧而回。另一个推销员看到非洲人都打赤脚，惊喜万分："这些人都没有皮鞋穿，这皮鞋市场大得很呢。"于是想方设法，引导非洲人购买皮鞋，最后发大财而回。

这就是一念之差导致的天壤之别。同样是非洲市场，同样面对打赤脚的非洲人，由于一念之差，一个人灰心失望，不战而败；而另一个人满怀信心，大获全胜。

事物都存在阴阳两面，积极的心态会增加你的力量，消极的心态会摧毁你的力量。积极的心态像太阳，照到哪里哪里亮；消极的心态像月亮，只会吸收别人的光亮。

2. 学会微笑

微笑的力量是巨大的，面对一个微笑的人，我们能感觉到所有美好的东西，包括自信和友好。因为微笑能鼓励自己，也能鼓励周围的人，给自己信心，也能给别人信心。在和陌生人见面时，微微的一笑可以融化人与人之间的陌生和隔阂。当然，前提是这种微笑必须是真诚的。

3. 自我暗示

提示自己过去有多少成绩，现在有了怎样的进步，今后将会更好；多给自己成功的心理暗示，实现自我鼓励，以保持继续战斗的充沛精力。

4. 言行举止像你希望成为的人

这种潜移默化的影响，将会使你成为你所希望成为的人，这样的话，就会让你的心态一直处在积极状态，甚至是极度兴奋的状态，生活对于你来说，就如同美梦一般的甜美。

5. 让你身边的人感到很需要你

每个人都希望被别人肯定，也就是让别人知道自己很重要。这不仅仅是满足个人虚荣心的要求，更是让一个人从内心里感觉自己对社会是有价值的。

6. 定期清理心理垃圾

随着时间的流逝，人的心理也会不断地产生和沉淀一些负面因素，俗称心理垃圾，需要经常清理。方法有倾诉法、代替（填充）法、运动（抛弃）法，或者找专业心理工作人员进行心理咨询和治疗。

7. 精神享受、运动并快乐着

文化娱乐、读书看报、体育锻炼、享受家庭的天伦之乐，这些都是心理健康的源泉。

8. 不断地学习创新

具有创新意识的人，在工作或者生活中能够灵活采取多种方法，在面对困难的时候也不会陷入死胡同，自寻烦恼；创新不仅会让你思路开阔，也能使你心地宽广。对待学习创新，一方面是通过学习获得更多的知识，另一方面是在学习中积极思考，主动探究，提出新问题、新想法，然后进行创造，创新创造的过程和结果是给人们带来精神愉悦、充实、满足和快乐，这是生活中其他任何过程和结果都不能给予的。

其实，最顽强的烛光需要自己点亮，自己才是幸福天使的那对翅膀。

幸福心语

很多人越是面对重要的抉择越会失手，他们不是输给了对手，而是输给了自己。越是对事情患得患失，顾虑重重，以往掌握的所有经验和技巧就越不能得到最好的发挥了。

第三章 主观幸福感和满足感

据说，每个人都有一个守护天使，如果这个天使觉得你的生活太过平淡或者悲伤，就会化身成为你身边的某一个人来提醒你：也许是你的朋友，也许是你的敌人，也许是你的父母，也许是擦肩而过的陌生人。这些人神奇地出现在你的生命旅程，无微不至地关怀你，也可能折磨你，陪你度过有喜有悲的时光。迟早有一天你会明白，所有人的出现，都是在帮助自己成长。

胜任感产生愉悦的情绪体验

自卑感能阻碍人的发展，使人裹足不前，变得闭锁。自卑感会严重影响我们的学习或工作，应该坚决予以抵制。

所谓自卑感，是指个体对其个人生活中的某些方面感觉不满的心理倾向。这种倾向源于对个人价值的怀疑。从本质上说，自卑感就是自我怀疑。因此，消除一个人的自卑感最有效的手段就是培养自己的胜任感。让自己感觉“我能行，肯定行”，不再怀疑自己。

很多人都会自卑，只有彻底摆脱自卑才能有所成就。就像下面这个小故事中的两个人那样：

十几年前，他从一个仅有20多万人口的北方小城考进了北京的大学。

上学的第一天，与他邻桌的女同学第一句话就问他：“你从哪里来?”而这个问题正是他最忌讳的，因为在他的逻辑里，出生于小城市，就意味着小家子气，没见过世面，肯定会被那些来自大城市的同学瞧不起。

就因为这个女同学的问话，使他一个学期都不敢和同班的女同学说话，以致一个学期结束，很多同班的女同学都不认识他！

很长一段时间，自卑的阴影都占据着他的心灵。最明显的体现就是，每次照相，他都要下意识地带上大墨镜，以掩饰自己内心的恐慌。

同样，二十年前，她也在北京的一所大学里上学。然而，她的大部分日子，都是在疑心、自卑中度过的。她的一张18岁时候的照片，看起来比现在30多岁的她还老。她疑心同学们会在暗地里嘲笑她，嫌她肥胖的样子太难看。

她不敢穿裙子，不敢上体育课。大学结束的时候，她差点儿毕不了业，不是因为功课太差，而是因为她不敢参加体育长跑测试！老师说："只要你跑了，不管多慢，都算你及格。"可她就是不跑。她想跟老师解释，她不是在抗拒，而是因为恐惧，恐惧自己肥胖的身体跑起步来一定非常非常的愚笨，一定会遭到同学们的嘲笑。可是，她连向老师解释的勇气也没有，茫然不知所措，只是傻乎乎地跟着老师走。老师回家做饭去了，她也跟着。最后老师烦了，勉强算她及格。

在一个电视晚会上，她与他相遇了，她对他说："要是那时候我们是同学，可能是永远不会说话的一对。你会认为，人家是北京城里的姑娘，怎么会瞧得起我呢？而我则会想，人家长得那么帅，怎么会瞧得上我呢。"

而如今，他是中央电视台著名节目主持人，经常对着全国几亿电视观众侃侃而谈，他主持节目给人印象最深的特点就是从容自信。他的名字叫白岩松。现在，她同样也是中央电视台著名节目主持人，是完全依靠才气而丝毫没有凭借外貌走上中央电视台主持人位置的。她的名字叫张越。

其实很多名人也曾经很自卑，但重要的是如何驾驭自卑。

自卑是一种消极心理，是对自己不恰当的认识。一个人如果被自卑俘虏，遇到困难、挫折时往往会出现焦虑、泄气、失望、颓废的情感反应，不仅会影响身心健康，还会使聪明才智和创造能力得不到发挥，更无法体会到胜任感带来的愉悦，这就是自卑的害处。

因此，一个人要想从自卑的束缚下解脱出来，必须做到以下几个方面。

1. 正确评价自己

充分认识自己的能力和不足，既不要夸大自己的缺点，也不要抹杀自己的优势，这样才能确立恰当的追求目标。特别要注意对缺陷的弥补和优点的发扬，将自卑的压力变为发挥优势的动力，从自卑中超越。

2. 具有自我胜任感

在费城拉萨尔大学教授人力资源管理的詹姆斯·史密瑟曾说："目标应该有难度，但是不能难得让员工觉得无法实现，因而将其放弃。"员工必须相信在自己努力之下，能够实现目标——史密瑟将这种人格特性称为"自我胜任感"。他说："当自我胜任感高涨时，人们会设定较有挑战性的目标。当遇到挫折时，他们还会坚持不懈，而面对负面反馈，他们的反应是更加努力，而不是退缩防御。"在日常生活中我们也应该具有自我胜任感，以适当的方式安排工作，逐渐完成越来越复杂且具有挑战性的工作。

3. 积极与人交往

人与人之间应该真诚交往，不要以为别人会看不起你，因而远离团体。只要自己看得起自己，别人就不会看不起你。很多时候我们不敢去和人交往都是因为我们内心的怯懦，自我设限。只要你大胆地迈出第一步，你就会发现其实和人交往并不难。因此，我们要有意识地在与周围人的交往中学习别人的长处，发挥自己的优点，多从群体活动中培养自己的能力，这样可预防因孤陋寡闻而产生的畏缩躲闪的自卑感。

人生都有童年、青年、老年不同的阶段，人的心理状态也会随着人的生活经验与阅历的变化而发生变化，一个曾经很自卑的人可能会因其生活方式或工作内容的改变而改变。所以，我们不必忧虑你现在具有了自卑情结，只要我们懂得培养自己的胜任感，我们的思想就会发生变化。

当你学会在输中求赢，学会在失去中获得收获，那么人生就会少了挫折，多了丰富，就会从幼稚走向成熟，从弱小走向博大，从自卑走向自强。

幸福心语

从本质上讲，自卑就是自我怀疑。因此，消除一个人的自卑感最有效的手段就是培养自己的胜任感。人可以有一万个理由自卑，也可以有一万个理由自信！让自卑从生活中走开，满怀信心地去做好一两件事，这就是成就大事业的契机。

归属感是人社会安全性的需求

归属感是指个人对组织的一种依赖、承诺和忠诚。但是，这个概念的实质远远超越了它的字面意思。

归属感是个体所处的一种状态，在这种状态下，个体认同了某一特定组织的目标和价值观，有把实现和捍卫该组织的利益和目标置于个人或所在小群体的直接利益之上来行事的意愿，并希望维持其成员身份以促进组织目标的实现。因此，归属感就包括三个组成部分：一是对组织目标或对组织价值观的认同；二是渴望成为组织的一员；三是愿意为组织的利益做出努力。

一个人开车在乡间迷了路，他边开车边查看地图，结果一下子把车驶离了狭窄的乡间小路。他本人虽然没有受伤，但小轿车却深深地陷在沟中的淤泥里了。幸好不远处就有农舍，这个人赶去求援。

走进农舍的小院后，他才发现这户人家很贫寒，没有任何现代化的农具，棚子里唯一的牲口是头衰老的骡子。听到他的诉说后，农夫爽快地指着那头老骡子说："没问题，老黑可以把你的车拉出来！"

开车人看了看憔悴的骡子，犹豫地问："你确定它能行？这附近可有其他住户？"

"这附近只有我一家人。别担心，老黑能胜任。"农夫自信地牵出骡子。开车人也没有别的办法，只好带着农夫和骡子来到壕沟边。

农夫把绳子的一端固定在汽车上，另一端固定在骡子身上。农夫一边把鞭子抽得啪啪啪响，一边大声吆喝："拉啊，四眼！拉啊，大龙！拉啊，小白！拉啊，老黑！"没多大一会儿，小轿车就被老黑拉了出来。

开车人又惊又喜，在再三谢过农夫后，他忍不住问："你赶老黑的时候，为什么要装作还赶着其他骡子的样子？你喊老黑之前，为什么还喊了那么多别的名字呢？"

农夫拍了拍老骡子，笑着说："我喊的那些名字都是我原来的骡子，它们以前都和老黑一起拉过车。虽然其他骡子已经不在了，但老黑是头瞎骡子，只要它以为自己在伙伴之中，有朋友帮忙，干活就特别有劲，连年轻力壮的骡子都比不过它。"

群体的力量是伟大的，当你孤立无援时，沮丧使你脆弱；当你置于群体当中的时候，你就有了归属感和安全感，内心立刻变得强大起来。就像是那头老骡子，以为自己在群体当中，什么困难也不怕。可见，归属感是人的社会安全性需求。

单枪匹马能够克服一些困难，但是我们常常会感觉缺少了点什么，不免觉得有些孤独。如果我们处于集体当中和志同道合的朋友们侃侃大山或者徒步旅行，哪怕只是一起听听音乐，都是心灵上的补给。就像那首歌所唱的："一支竹篙呀，难渡汪洋海。众人划桨哟，开动大帆船。一棵小树呀，弱不禁风雨。百里森林哟，并肩耐岁寒……”

在集体当中，我们可以养成一些良好的心态。比如，在集体当中每个人都可以拿出自己的生活喜悦和大家一起分享，从而获得分享乐趣的心态；三人行必有我师，接受不同老师的不同教导，可以获得各种不同的体验，这些体验，不仅仅是打发无聊时光，还可以获得一种积极学习的心态；在集体当中，组织不同种活动，抱着放松的心情去参加，放下眼前的一些缠身的俗事公务，就获得了一种难得的悠闲心态。在集体当中，我们获得了惺惺相惜的朋友，找到一种随心所欲的感觉，感受了纷乱复杂中的单纯，也获得了不同寻常的心态，这些足够放松的感觉，让我们倍感安全。因此，人人都需要归属感，它是人的一种社会安全性需要。

归属感，就是给人的最好的赞誉。单有物质条件，无法让人产生归属感。归属感来自包容开放的氛围，因整体文化素质的提高而提高，得益于和谐向上的风气。这样，我们的人生也就多了快乐，少了烦恼；多了和谐，少了矛盾；多了理解，少了对抗。

幸福心语

群体的力量是伟大的，当你孤立无援时，沮丧使你脆弱；当你置于群体当中的时候，你就有了归属感和安全感，内心立刻变得强大起来。没有归属感，很多事情都难以做成。

自主性是满足感最大化的条件

一个人成长的动力，就来源于三种欲望：一是生存的需要；二是归属感与亲密的需要；三是对安全与优越的满足感需要。这三种需要此消彼长，相互关联，也相互印证。特别是满足感，在这三种需要中尤为重要。

人的满足感包括精神和物质两个方面的内容，是一种内心需求的获得。那么，如何才能使一个人具有满足感呢？实践证明，自主性是使满足感最大化的条件。

曾经一家企业里有位非常好的人力资源协调员玛丽，她工作很主动，对自己的职责了解得一清二楚。她的领导只是每周进行定期检查，看事情进展得如何，一旦哪里出了问题，她就能及时进行改正。

然而，随着市场越来越不景气，企业的经营状况也开始有了变化，原来的领导被调往其他分公司，而玛丽也因此换了新领导，就这样事情也发生了巨大变化。

比尔之所以能在这个时候上来，因为他是个完美主义者，喜欢事无巨细、一一过问。这给企业领导者一个假象，好像他可以力挽狂澜。

在比尔任下，玛丽所做的一切都被重新检查。比尔认为，他需要了解每个人的所有事情。毕竟作为上司，他要为下属所犯的错误负责。虽然在过去的10年中，玛丽在上司较少过问的情况下也表现得完美无瑕，但在比尔眼里，这不能说明什么问题。

比尔刚上任几周时间，玛丽就开始胃痉挛。又过了几周，她一到下午就头疼。她去看了大夫，结果大夫没有发现她有任何生理疾病。

她的健康每况愈下，在工作中走神的时间也越来越多。她在员工工作记录上犯了几次错误。当别人告诉她的时候，玛丽感到很震惊。这让她的工作情况变得更加糟糕。如此一来，比尔对她的监管越发有增无减……

这个案例说明了工作满意度与工作表现之间的重要联系。当人们为自己的工作负责时，他们会感到更加满意，也会表现得更好。工作自主性将直接影响到工作表现。如果人们相信自己对工作有更多的掌控权，那么不仅他们的感觉会更好，而且也会做得更好。

美国的一位认知心理学家就认为：具有独立性的儿童很早就显示出有所成功的动力，这种成功的强烈愿望，也并不只是想取得父母的表扬，而是他们随着年龄的增长，善于掌握自己的命运。在意志和行动上他们就表现出比依附儿童更多的独立性。这种个性特点就能为他们将来成才奠定基础。

实践证明，喜欢依赖他人的人虽然凭借自己的努力也能有一定的成就，但是在早期生活中所形成的依赖性往往会存留下来，比如在人际关系的某些方面，仍会甘居依附地位，表现为羞羞答答、迟钝、呆板、胆小怕事、缺乏自信等。人一旦处于这种状态是不会有自主性的，更谈不上满足感。

面对巨大的经营压力时，有一家公司与员工保持良好沟通，一方面通过听取员工的建议，在运营的许多方面勒紧腰带，与员工一起共同努力削减开支，甚至想出诸如“职位分享”这样的解决办法。另一方面，即使压力巨大，公司在研发方面也没有减少任何投入，这使得他们能够保留住一些最有才华的员工。同时，他们开发出新产品和找到解决方案，一旦形势好转就能马上投放市场。

后来，经济形势一发生变化，他们已经为新产品做好准备了。当竞争对手还在恢复时，他们已经在短期内把公司带回到萧条前的经营状况。

通过让员工对所发生的一切保持了解，给他们机会积极参与，并且持续地向最具价值的研发人员表明，他们的重要性（通过行动而非只是口头），让这个公司在高压力下保持了很高水平的组织情商。

没有自主性自然会失去自我，体会不到满足感。从心理学角度来说，情绪上依赖于他人，以他人的意志为转移的人体现出从属性、盲目崇拜性。而不依赖他人的人，在情感上才具有较大独立性。

幸福心语

没有自主性自然会失去自我，体会不到满足感。从心理学角度来说，情绪上依赖于他人，以他人的意志为转移的人体现出从属性、盲目崇拜性。

价值观和目标影响幸福感

马克思说："价值这个普遍概念是从人们满足他们需要的外界物的关系中产生的。"

价值观是一种内心尺度。它凌驾于整个人性当中，支配着人的行为、态度、观察、信念、理解等，支配着人认识世界、明白事物对自己的意义和自我了解、自我定向、自我设计等，也为人自认为正当的行为提供充足的理由。马克思的这句话指出了价值是以能否满足人们的需要为衡量标准的，价值是对人们需求的体现。但是，由于每个人的欲望、情感、动机、兴趣、理想不同，对价值的认识也千差万别，因此每个人的价值观也不一样。

价值观对人们自身行为的定向和调节起着非常重要的作用。价值观决定人的自我认识，它直接影响和决定一个人的理想、信念、生活目标和追求方向的性质。价值观的作用主要表现在以下两个方面。

1. 价值观对动机的导向作用

人们的各种行为都会受到价值观的支配和制约，价值观影响着人们处事的动机。面对同一件事情，具有不同价值观的人，动机模式不同，产生的行为也不一样。动机的目的和方向也受到价值观的影响，只有那些经过价值判断被认为可行的行为，才能转变为行为的动机，并以此为目标作为引导人们行为的方式。

2. 价值观反映人们的认知水平和需求情况

价值观是人们的一种信念，是人们对外在事物及行为结果的评价和看法，它从某个方面反映了人们的人生观和价值观，反映了人们对主观世界的认识。价值观带有判断的色彩，代表着一个人对事物对错、好坏的认识。每个人由于受到的教育和所处的社会环境不同，对价值观和目标的认识不一样。只有正确的价值观和目标，才能对人生产生正向的导向作用。

价值观和目标在人的生活中有着至关重要的方向性作用，影响着人的幸福感。所以，在日常生活中我们要重视价值观和目标的导向作用。培养符合社会发展规律、体现时代要求、代表大多数人根本利益的价值观，以此不断提升我们的价值观境界，从而为幸福生活奠定基础。而错误的价值观和目标则不会带给人们幸福感。

曾有人做过实验，将一只最凶猛的鲨鱼和一群热带鱼放在同一个池子，然后用强化玻璃隔开。最初，鲨鱼每天不断冲撞那块看不到的玻璃，奈何这只是徒劳，它始终不能过到对面去。而实验人员每天都放一些鲫鱼在池子里，所以鲨鱼也没缺少猎物，只是它仍想到对面去，想尝试那美丽的滋味，每天仍是不断地冲撞那块玻璃。它试了每个角落，每次都是用尽全力，每次也总是弄得伤痕累累，有好几次都浑身破裂出血。就这样持续了好一些日子，每当玻璃一出现裂痕，实验人员马上加上一块更厚的玻璃。

后来，鲨鱼便不再冲撞那块玻璃了，对那些斑斓的热带鱼也不再在意，好像它们只是墙上会动的壁画。它开始等着每天固定会出现的鲫鱼，然后用它敏捷的本能进行狩猎，好像找回了在海中时不可一世的凶狠霸气，但这一切只不过是假象罢了。

实验到了最后的阶段，实验人员将玻璃取走，但鲨鱼却没有反应，每天仍是在固定的区域游着，它不但对那些热带鱼视若无睹，甚至于当那些鲫鱼逃到那边去，它就立刻放弃了追逐，怎么也不愿再过去。

实验结束了，实验人员发现这只当初凶猛的鲨鱼已经变成了海里最懦弱的鱼。

价值观和目标不正确就会给人带来很多挫折、打击和失败，就会令人像故事中的鲨鱼一样失去了奋斗的勇气，没有了生活的激情，没有了梦想，只有黯淡的眼神和悲伤的叹息。这几年就开始流行这样一句话："高官不如高薪，高薪不如高寿，高寿不如高兴。"视高官和高薪不如高寿和高兴，并非因为前二者是低层次的需要满足和价值诉求，而是表达了人们对幸福的体验和感悟。

对于每个人来说，丰裕的物质生活、充实的精神生活、和谐的社会生活是不可或缺的，但是如果只为高官、高薪而丢失高寿和高兴，就会给人的生活带来无穷的痛苦与烦恼。所以，人一定要有正确的价值观和目标，不能为了物质享受而放弃精神上的宁静，只有把操心变为放心、烦心变为顺心、闹心变为安心，才会有幸福的生活，才会感受到生活的幸福。

幸福心语

价值观对人们自身行为的定向和调节起着非常重要的作用。价值观决定人的自我认识，它直接影响和决定一个人的理想、信念、生活目标和追求方向的性质。在内心树立正确的核心价值观和幸福观，努力驱散笼罩在心灵上的"雾霾"，这才是幸福生活的根本。

性别角色的“幸福感效应”

性别角色是现代人格和社会心理学关注的一个重要问题。研究表明，个体所拥有的男性化特质和女性化特质的程度即男性度和女性度都影响自我价值感的体验。

在西方心理学中，性别角色主要分为三种类型，即一致性类型、双性化类型、男性化类型。一致性类型认为，与生理性别相一致的性别角色是最为理想的角色意识；双性化类型认为，男性化和女性化特质均高的个体社会适应性最强、心理最健康；男性化类型则认为，男性化特质才是决定心理健康和社会适应的主要因素。

国外大量的实证研究和系列元分析表明，男性化类型自尊更理想，这与男性气质有稳定而密切的联系，与女性气质的联系则较少，甚至没有。

而在国内研究中，对双性化类型支持最多，而且认为双性化的个体主观幸福感、安全感、心理健康度最高。但也有研究支持男性化与女性化类型的，比如国内学者闻军明就发现双性化者自尊虽最高，但与男性化者并无统计差异；而王登峰等人的研究则表明，女性化个体心理的社会适应性最好，双性化的个体心理社会适应水平最低。

从以上材料可以看出，不同的学者对不同的性别角色类型持有不同的观点。然而不可否认的是，性别角色作为一种社会建构，往往受时代精神和主流价值的引导和影响。所以，在当前成功和成就已成为一种普遍认可的社会价值观时，我们无论是男是女都不应对自己的性别角色持有否定的意见。因为成功和性别无关，无论男人还是女人都应该对自己的性别角色感到满足。

当然，在当今社会，还有一些人存在歧视女性的观念，尽管女性在社会上的地位早已不可同日而语，但不可否认在职场中女性的角色仍不时受到各种主观想法的钳制，它们有时来自女人，但更多的是来自男人。通常男女工作者在办公室里相同的行为表现却受到截然不同的评价。男人的粗心往往被容忍，因为男性看的是大处，而女性的大而化之则被视为不可原谅，因为大家早就形成了女人就该细心的观点。类似这种偏见造成的对女性不公平的待遇在职场内就不在少数。如果不加以预防和处理，将使两性之间的摩擦和隔阂不断扩大。

同样，在薪资方面，女性在职场中所受到的待遇也大大不如男性，这些不平等待遇除表现在工资水平以及低升迁率，还有一些无形的层面，如口语、身体和空间等方面。但是，对于女性来说，绝对不能因为社会上仍然存在的一些男女不平等现象，而对自己的性别角色感到自卑。所以，对于女性朋友来说，要提高自身的性别角色“幸福感效应”，就要从内心有性别文化意识，不断促进性别文化意识的提高。

什么是性别文化？性别文化就是社会对男性、女性及其相互关系的观点和看法，以及与之相适应的性别规范和组织机构。先进的性别文化就是人们在特定社会环境中对男女两性社会价值作用及其相互关系产生的正确认识的一种外在文化积淀，是男女平等的社会关系在意识形态上的反映，是一种主张男女两性人格和尊严受到平等对待，保障男女两性参与政治、经济、教育、社会、文化和家庭生活的权利和机会平等，提倡男女两性在社会和家庭生活中平等相待、和谐相处、良性互动、共同发展的文化。

建设先进的性别文化是加快男女平等进程的必然要求。男女平等是指在承认男女生理差异的前提下，男女两性在人格、价值、权责等方面的相对平等。它就是以实现男女两性的全面自由可持续发展为最终目标，是先进性别文化的合理内核。不同历史时期，社会对性别文化建设的要求不同，性别文化的发展程度对两性行为模式和男女平等实现程度产生的影响也不同。当前，维护妇女合法权益的法律法规正在不断完善，广大妇女在政治、经济、文化等各个方面的权利也得到了进一步实现。因此，无论是女人还是男人都不要因性别而苦恼，大家都要因自己的性别角色而感到幸福。

幸福心语

无论是女人还是男人都不要因性别而苦恼，大家都要因自己的性别角色而感到幸福。

自我归真——客观地看待自己

人总是希望自己的价值、能力、品格得到社会的认可，并被赋予相应的地位。人是有这种需求的，但这种需求往往很难得到满足。因为在这个世界上，似乎缺少一种机制。这种机制能够对每个人的德、才、学、识作出客观合理的评价。客观地说，人各有所长，也各有所短，准确地认定一个人的价值，公正地对待每一个人，是很难的事。因此，人们就开始抱怨，抱怨自己没有得到重用，抱怨这也不合理，那也不合理。然而我们改变不了社会，只能学着适应社会，这就要求我们学会客观地看待自己。

有的人喜欢和别人对比，社会对比就是指把自己的观点和能力与他人进行比较。有人在社会比较理论中提到，当人们对自己的处境感到不确定，但情境中又缺乏客观的评价标准时，为了降低这种不确定感，人们会通过与他人的比较，来满足对自我评价的需求。因此，社会比较也可以被看作是一个过程，遭遇比较信息，做分析，然后得出结论。

个人对自己的评价结论可能是有误的，并不一定是客观真实的，这些结论会影响人的情感、认知、行为，形成社会比较的效果。根据比较对象相较自己情况的好坏，与比自己在某方面优秀的人比较是上行比较，与在某方面不如自己的人比较是下行比较。上行比较和下行比较可以产生不同的结果。

具体来说，上行比较可以让你感到自己在某方面不如别人，也可以让你觉得自己可以比现在的状况更好；下行比较可以让你觉得自己在某方面要优于别人，但也可能让你警惕，自己的状况可能变得更糟。当对自己的评价趋近于比较对象，当面对比自己的状况更好或更糟的对象时，产生向他们靠拢的自我评价，就是同化效应。

由此可见，社会比较对一个人来说也是具有一定的促进作用的，但是通过比较有的人往往会产生不满心理，觉得社会太不公平，因而整天活在郁闷当中；有的人则觉得自己很能干，似乎没有能够难倒自己的事情。

王明留学海外名校，有过在知名公司上班的经历，甚至还有在国外销售汽车的经历。因此，他满怀信心地到国内一家汽车销售公司应聘区域经理，他觉得凭自己的实力做区域经理简直是大材小用了。但出乎意外的是他并没有被那家公司录用。因为那家公司的老板认为，王明之前所从事的相关工作不能佐证其能力，而他推销汽车的经历也只是在国外，没有得到本国实践的检验。考官只能说，你做得挺多，但对应聘的这个职位没有帮助。

从这个故事中总结一个经验教训，就是不要总以为自己的经历丰富就觉得自己很能干，故事中经历丰富的小王反而暴露了自己并不专业、不专一的毛病。所以说，经历是一纸空文、一个符号，没有业绩的填充证明，就不能算是经验，也就不能成为增加应聘成功率的筹码。其实，一个人的优势和特长是有限的，并且人常常会被自己欺骗，不能够客观地看待自己的实力。

一个人的实力不仅仅指自己的工作经历或者是学历，还要包括为人处世的能力、随机应变的能力、经济能力等一系列软硬件能力。有的人认为自己看过、读过、学习过很多创业方面的资讯、信息、经验，自己就可以去创业了或者是可以胜任更高的工作岗位了。其实，在工作之前，我们更需要做的是重新评估一下自己，总结一下自己的优缺点，对自己有一个正确的评价，在人生的道路上既不看轻自己，也不抬高自己。简单地说，就是要对自己有一个合理的定位。

那么，如何客观地评价自己，合理地定位自己呢？俗话说："当局者迷，旁观者清。"由于种种原因，我们往往不了解自己，或者是了解而不愿意承认事实。所以，要合理评价和定位自己，就要向自己身边的亲朋好友了解一下他们眼中你的性格特征、面对困难的态度、人际交往能力和表达能力、心理承受能力、独立能力以及对他人的依赖性等，然后根据大多数人的比较一致的答案来进行自己评价和自我定位。

幸福心语

我们更需要做的是重新评估一下自己，总结一下自己的优缺点，对自己有一个正确的评价，在人生的道路上既不看轻自己，也不抬高自己。

幸福快乐的主要来源

美国《国家地理》著名记者丹·比特纳曾经和他的团队历时七年，走访了丹麦、新加坡、墨西哥和美国的圣路易斯·奥比斯波这四个被评为世界上最幸福地区的数百名各界人士，试图从那些幸福的人的亲身经历中去探究并发现幸福的真谛。这趟幸福追寻之旅后，他在《去最幸福的四国找幸福》一书里提出理解幸福的最佳方式应该是重点锁定在那些自认为非常幸福（如果幸福是10分的话，最起码能够给自己打8分），同时还认为自己在未来很长的一段时间内会越来越幸福的人。而这种理解，也正是被研究人员称为“持久幸福”的积极状态。研究人员认为，要想找到幸福的根源，就要向他们学习经验。

在生活中，我们都会被琐事缠身，导致我们找不到幸福的感觉。其实，我们也都像丹·比特纳一样，长久以来都在不断地寻找幸福。然而，幸福的真谛是什么？怎样才能让我们弄清楚幸福快乐的来源呢？对于这些，我们就可以把幸福比作一种感觉，就像丹·比特纳发现的一样，它是一种快乐的感受。虽然不同的人对幸福的感悟不同，但只要能够领悟到了幸福的真谛，我们就能够找到幸福的根源，获得长久的幸福快乐。

然而，随着物质和精神生活的极大丰富，却有越来越多的人感觉到不满足、不幸福。是什么让我们忘记了幸福快乐的真谛呢？

古代有位130岁高龄而依然精神矍铄的智叟，人们对他的养生之道十分好奇。智叟说：“我把奥秘都写在这个金制盒子里了。”后来，盒子被一位富商以十万两黄金买去。当富商打开盒子，发现秘诀只有七个字：“头冷、脚热、八分饱。”对于这样的答案，富商感到十分失望，于是他找到了智叟。智叟却笑着说：“只要您按这七字真言去做，保证一生幸福。”

这位智叟的七字真言既是长寿之道，也是成就事业之道。如果把二者联系起来思考，其中的意义隽永深远，发人深省。

“头冷”旨在“心静如水”，把好思想的“总开关”。头脑冷静、心态平和，能使清气上升、心思敏捷。反之则会给身心健康带来不可预料的危害。一个生活的智者，必然有一份“八风吹不动，端坐紫金莲”的执着与宁静。人生短短几十载，只有专注于高尚的追求，时刻把准自己思想的“总开关”，才能不被名利左右，不为外物困扰，最终成就自己的事业。

“脚热”旨在“行万里路”，树立正确的事业观。人们常说：“养心要静，养生要动。”热水泡脚、闲余散步的“脚热”，可使人舒筋活骨，益寿延年；“行万里路”的“脚热”，则使人积累才干，增长知识。马克思生前被誉为“活着的百科全书”，也许只有大英图书馆中留下的“马克思的脚印”，能回答他为什么能够获取如此渊博的知识。而在日益激烈的社会竞争面前，如果我们满足现状、不思进取，天才如方仲永者，最后也会停滞不前，“泯然众人矣”。

“八分饱”旨在“知足常乐”，坚持高尚的幸福观。美国魔术师波洛克曾说：“幸福就是太少到太多之间的一站。”人非草木，有欲望实属正常，而且应该得到适当满足；但如果欲望无止境，则会带来无穷的祸患。这就要求我们在生活与工作、付出与收获、享受与奉献间进行平衡。有的人生活上不知足，工作上却很“知足”，极力追求生活享受，工作上却得过且过；有的人生活上很知足，工作上常反躬自省，他们身心坦荡，赢得了他人的尊重。他们谁活得有价值，谁最终会获得幸福？不言自明。

仔细想想智叟的话确实充满了大智慧。我们生活在世间，幸福无外乎健康的身体和成功的事业，以及一颗不贪婪的心，这可以说就是我们苦苦追寻的幸福之源。如果我们能够像智叟所说的那样，做人做事时刻保持“头冷、脚热、八分饱”的良好状态，又怎么会在生活和事业当中得不到成功呢，又怎么会感觉不到幸福呢？

幸福心语

虽然不同的人对幸福的感悟不同，但是只要能够领悟到幸福的真谛，我们就能够找到幸福的根源，获得长久的幸福快乐。

平衡被打破及选择的压力

就人生而言，一切的和谐与安宁、健康与美丽、成功与幸福都是由乐观向上的心理所造成的，积极的心态创造人生，消极的心态消耗人生。人的身体健康就是建立在心理健康的基础之上的，在诸多影响身体健康的因素中心理平衡比其他要素更重要。

心理平衡就是一个人健康的源泉。心理平衡一旦被打破，人们就会常常被忧郁所束，生活中总是充满无尽的痛苦和烦恼。人一旦感觉到不平衡，就会考虑重新选择一些人或者事，而重新选择势必要思虑周全，并面对重重的压力。因此，人们常常会因这种平衡被打破的忧患而苦恼不已。

古语云："生于忧患，死于安乐。"这是古人为教育世人奋进而讲的话，但是从科学的角度来说却不是这样。科学证明，人应是"生于安乐，死于忧患"。科学实验结果表明，人在欢乐时体内会分泌内啡肽，其作用是吗啡有益方面的200倍，但没有吗啡的负面作用。机体内啡肽的分泌可增加人体对钙的吸收，能杀死体内的癌细胞，具有镇痛作用，能兴奋神经，所以现代科学常常倡导人们"会笑才会长寿"。

一个母亲，正在楼下与好友聊天，然而当她回首时，却发现她三岁的孩子在阳台上玩耍时已经失手，马上就要掉下来。于是，她以惊人的速度飞奔过去，牢牢地将孩子接抱到自己的怀中。

事后，人们都惊讶于她当时的动作迅速，因此也有人提议让她再做一次当时的动作。但是，她却再也达不到那时的速度了。

为什么这位母亲当时能用如此快的速度接住孩子呢？究其原因，就是因为人体在发生突如其来的状况时会分泌一种特别的激素。比如，人在恐惧与愤怒时会分泌肾上腺素，它的分泌量越高，人的潜能发挥得就越强，从而调动全部能量集中于一个部位。但是，这种分泌作用却与内啡肽完全相反，因为当人遇到危险时肾上腺素的分泌会使人体透支，这种透支过后就会使人大病一场。因而，当一个人无端地生气或总是抱怨时，正是这种透支性的体内消耗的结果。

美国科学家就做过这样一个试验：他们找到一个气愤中的人，并收集了他呼出的气体，然后冷却成液体，再将此液体注入白鼠体内，稍后白鼠便死掉了。这一实验就旨在告诉人们，人在气愤、发怒、恐惧等状态下体内是分泌毒素的。所以，科学界也根据这一原理编出了这样一个笑话：这人太狠，走过的路不长草，吐口唾液都能毒死小老鼠。人们常把青楼女子称为坏女人，可科学实验证明，坏女人不得乳癌也是因为她们随心所欲，不压抑自己，心态乐观，所以免疫能力非常强。

当然列举以上的例子并不是为了鼓吹性解放，而是为了告诫人们，要保持一颗平常心，不要时时事事都感觉不公平，不要因为外界的一点小事情就觉得心里不平衡，从而产生不满的怨气或者是把自己置于重新选择的烦恼之中。我们应该做一个乐观的人，勇敢地面对生活中一些不公平之事。就像有人说的一样：人与人最大的差别就是心态，心态是一个人真正的主人，乐观的人像太阳，照到哪里哪里亮；消极的人像月亮，初一十五都不亮。所谓乐观，就是要对生命的远方充满期待，觉得自己有能力，并一点一点朝着那个既定的方向迈进。

因此，当我们一眼望断古今，便会有这样的领悟：每一个人的性格特征都是由他的心态所造就的，更应赞成这样的话——“地位是临时的，金钱是身外的，荣誉是过去的，唯有健康是自己的”，人要知足常乐，宽容大度，人不知足就会永远都在烦恼中。所以，当我们因心理平衡被打破而产生痛苦、烦恼的时候，我们应该这样想：虽有广厦千万，只住一间；虽有良田万亩，只吃一碗。凡事不要想得太复杂，否则心理负担就重了，就会产生一些怨天尤人的不满情绪。要知道，苦闷的大小是随欲望和野心而转移的。其实，生活中有5%的痛苦，5%的幸福和90%的平淡，你若能把平淡简单的生活视为幸福，你便有了95%的幸福。

简单的生活就是快乐的生活。生活里最难能可贵的就是生活的平常。正如《黄帝内经》中所说："恬淡虚无，真气从之，精神内守，病安从来。"所有烦心的事，都可以通过放大快乐的光芒予以抵消。所以，我们要善于保持心理平衡，不要让自己置于被痛苦、烦恼包围的境地。

幸福心语

人的身体健康是建立在心理健康的基础之上的，在诸多影响身体健康的因素中心理平衡比其他要素更重要。

第四章

希望和乐观主义

不知从什么时候开始，我们的生活好像被拖进了高速路。不管什么样的节奏，我们一直都在这个轨道上行走，沿途有花有草，也有不知名的随风飘散的故事。但我们必须笑着挥手，必须相信这趟旅程值得走。是的，生命也需要加油站，我们也需要疗伤，需要充电，需要拥有爱的智慧与善的光芒，这样我们才能在看不见方向时，在内心缓缓升起金色的太阳。

围绕希望进行自我管理

自我管理就是指具有自我意识、自主意识和自由能力的个人，在正确认识自己的前提下，为了实现组织的目标，通过合理的自我设计、自我学习、自我协调和自我控制等环节，以获得个人自我实现和全面发展为价值诉求的管理实践活动。

自我管理作为人的存在方式，它内在的生成就可分为主我与客我两个矛盾体。在自我与组织的对立统一以及自我与社会的良性互动关系中，彰显着人的主体性与社会性的本质特征，进而高扬人的主体精神、实现人的主体价值，成为现在时代的主旋律。

对于我们每一个人来说，成功需要具备努力和运气等许多条件。而一个人的失败，有时却只需一个条件，如懒惰、弱智、贪婪、胆怯，甚至运气不好就够了。因此，失败是人生常有的事情。人生要想减少失败，就要围绕着希望进行自我管理。人的自我管理活动包括主体的自主独立性、能动创造性、自由自觉选择性等。

人的差异构成世界的万象。即使面对同样的困难和危机，有的人则埋头苦干，有的人则垂头丧气。这种差异就决定了成败只在一线之间。正如成功学大师拿破仑·希尔所说："你有信仰就年轻，疑惑就年老，有自信就年轻，畏惧就年老，有希望就年轻，绝望就年老。岁月使皮肤起皱，但要失去了热情，就损伤了灵魂。”因此，很多人就是这样击败自己的——他们被偏见、自卑、冷漠驱使着，看不到世界是被那些有梦想而且又实干的人推动的。

世界是充满着艰辛的，旅途上有秀丽的风景，也会布满荆棘，而成功者就是那些心怀希望，克服这些险阻的人。他们一路上一边披荆斩棘，一边对自身进行调整和管理，最终既保留了完整的自己，又取得了辉煌的成就。

成功者需要机遇，需要内心的强大，更需要懂得自我调整和管理。那么，对于我们来说，我们又应该怎样围绕希望进行自我管理呢？这就需要从以下几个方面做起。

1. 把握自我

人必须对自己负责，人应努力采取主动，有能力也有责任创造有利的外在环境，这不论是对自己还是对他人都有利。

有一家公司的总裁精力旺盛，才华横溢，自然在经营管理上十分专制，对各部门的主管总是颐指气使，从不给他们独当一面的机会。主管们虽然表面上对他唯命是从，但在背后却大发牢骚，除了冀盼总裁快点退休外，也想不出其他的办法。

但是，唯有一位主管不愿意向这种环境低头。他设法努力弥补上司的缺失，减轻属下的压力；同时他还设身处地地去体会上司的要求，需要时就提供自己的分析和建议。久而久之，他对同事的影响力增加了，总裁也极为倚重他，公司的任何重大决策必经他的参与和认可。

在这个故事中，那位积极主动的主管就是把握住了人生真谛的人，而不是向他人或者外界环境妥协，所以他取得了成功和成就。

2. 确定目标

人的一生中，会扮演各种各样的角色：父母、夫妻、主管、职员、亲友、同事，同时也担负着不同的责任。如何兼顾全局，避免顾此失彼，因小失大，就成了人生给每个人最大的考验。

确立目标的原则可适用于各种不同的生活层面，即在做任何一件事之前，先认清方向。然而这一原则的最基本目的还是人生的终极目标。人的一举一动，一切价值标准，都必须以人生的终极目标为依据，也就是由个人最重视的观念或价值观来决定一切，这也是一切思想观念的根本，是个人的安全感、人生方向、智慧和力量的源泉。

以注重人生目标原则为生活重心的人，会保持冷静客观的态度，不受情绪或其他因素干扰，而是从整体的角度，包括工作需要、家庭需要、其他相关因素以及不同的决定可能造成的结果加以考虑衡量，深思熟虑后才做出正确的选择。

确立人生目标最有效的方法就是，当认定自己的人生哲学或基本信念后，就写出一份人生使命宣言。在这份宣言中应包括自我期望、许诺和基本价值观，然后再针对自己不同的角色领域，一一订立目标，确定不同的期待和价值标准。

一旦你确定了主要的人生角色，有了明确的人生目标，你的人生就被赋予了完整的架构和方向，你也就能清楚地掌握全局了。

3. 利人利己

成功的人际关系应建立在利人利己的基础上，既为自己着想，也不忘他人的权益，谋求两全其美、双方互利之策。

要想做到利人利己，首先就必须从自身的“品格”着手，对人对己都要有诚信；有勇气表达自己的感情和信念，也顾及他人的感受和想法，严于律己，宽以待人；以豁达的胸怀面对世界。

其次，在利人利己基础上建立的人际“关系”，也应以互相信赖、信任、合作的态度对待问题。这里的致胜关键就在于以礼相待，认真听取对方意见，真诚欣赏对方，用实际行动和态度使对方相信，你真心希望双方都是赢家。

再次，对双方都能接受的预期结果也必须取得共识，订立两全其美的“协议”，以明确双方的伙伴关系，明确成果标准和奖罚方式，双方共同遵守以共谋利益。

最后，用合理的“制度”来辅助和配合，经过正确的“过程”来完成利人利己的协议。

4. 抓住重点

抓住重点就是透过独立意志的发挥，建立以原则为重心的处事态度，进而达到有效的自我管理。

许多人都明白按事情的轻重缓急来分配有限的时间和精力，以争取更高的效率这一道理。但过度强调效率，反而会使人压力重重，精疲力竭，陷入危机四伏、忙于应付的局面，失去增进感情、满足个人需要以及享受意外之喜的机会。

实质上，有效自我管理的要义就是要把更多的时间投入于重要但眼前尚不急迫的事务上，包括建立人际关系、撰写使命宣言、规划长远目标、防患于未然等。这样的人，才会有远见，有理想，有自制力，感情平稳，遵守纪律，很少会有危机感，而且会达到事半功倍的效率。

5. 均衡发展

均衡发展的主旨是磨炼自己，以均衡明智的方式，从身体、精神、心智和待人处事四个层面上训练自我，增进个人潜能，积累其他修养的资本。

锻炼身体即维持健康，增进耐力、弹性和力气，以应付日复一日的生活和工作压力。

陶冶精神则可以培养掌握人生方向的能力，涤除心灵的尘埃，平息内在的冲突，树起人生目标的明灯，指引自己积极进取。

在日常生活中，心怀希望，努力做到以上几点，你就会成为一个积极、乐观的人，你就会是一个成功常伴的人。

幸福心语

成功学大师拿破仑·希尔说："你有信仰就年轻，疑惑就年老，有自信就年轻，畏惧就年老，有希望就年轻，绝望就年老。岁月使皮肤起皱，但要失去了热情，就损伤了灵魂。"因此，为避免不良情况的出现，我们要学会管理自己。

清晰和乐观的自我导向

早在18世纪，亚历山大·蒲伯就曾说过："无所期待的人是幸福的，因为他永远不会尝到失望的滋味。"

人们对人际关系确实心怀种种期望，同时，我们也要为了满足自我利益而需要建立各种关系，当这些关系达不到期望的状态时，人际冲突就不可避免地会发生。因此，要避免人际冲突，首先就必须对人际关系有所认识，这是建立良好人际关系的基础；其次，也是更重要的一点，就是对

“自我”有一个正确的定位和认知。

约瑟夫·德维托认为，在人际传播过程的各个方面中，自我是最重要的。他总结了人际传播中自我的三个维度：自我概念，即你如何看待自己；自我意识，即你对自己的洞察和认识；自我评价，即你对自己赋予的价值。

一个人只有正确认知自己，才能在社交中既不自大自傲，亦不卑不亢，恰当自如地协调人际关系。人际传播中的自我表达就是以他人为对象和在特定的社会、文化环境里进行的，如果不顾及他人和社会价值与规范，那么这种表达不但不会收到好的效果，相反会招致误解和造成个人的社会孤立。中国传播学学者胡河宁就认为，在中国传统文化中，关系假设无所不在，关系假设体现了中国人以自我为中心的价值观取向。我们只有把握好自我的三个维度，做好清晰和乐观的自我向导，才能不迷失自我，不迷失人生。

那么，这三个维度的具体含义是什么呢？

1. 自我概念

自我概念，即一个人看待自己的方式。自我概念包括对自己的长处和弱点、能力和限度、愿望（抱负）和世界观的感觉和看法。

2. 自我意识

自我意识，即一个人对自己的洞察和认识。自我意识代表了一个人在多大程度上了解自己。根据乔哈瑞窗格模型，自我意识可以分为四个区域：开放区、盲区、隐藏区和未知区。在关于自我的信息区域内，开放区是指你自己知道而且他人也知道的关于你自己的信息；盲区是指你自己不知道但他人知道的；隐藏区是指你自己知道但他人不知道的；未知区则是你自己和他人都不知道的。隐藏区包括在人际交往中你不想向对方展现的信息。比如，在《道德经》中有一句话："上善若水。水善利万物而不争。"在老子的人际传播思想中，这里的"不争"即是隐藏可能会引起争执和矛盾的信息。老子教人以不争的姿态，就是要避免人际交往中的纷争。

3. 自我评价

自我评价，就是你赋予自己的价值。在这里，这个自我就是认识到"我是谁"，而且要将"我"摆放到一个特定的位置或空间，全观自己的心理状态和整个自我的运作。

人是一种社会性的动物，任何人的生存都离不开和他人之间的交往。在人们之间的交往活动中，人们相互之间传递和交换着知识、意见、情感、愿望、观念等信息，从而产生了人与人之间的互相认知、互相吸引、互相作用的社会关系网络。因此，在人际传播当中，我们只有充分重视自我三个维度的作用，才能更好地发挥自我的导向作用。

幸福心语

我们为了满足自我利益而需要建立各种关系，当这些关系达不到期望的状态时，人际冲突就不可避免地会发生。

在自觉的适应中乐观地生活

人生是一个不断适应环境、改造环境，从而适应自我、实现自我的过程。

在这里，自我适应就与个体的自我认识和自我体验有关，良好的自我适应表现就是个体自我观察的敏锐性、自我评价的恰当性和情感体验的积极性。

适应环境涉及人与环境的关系，包括个体对环境的认识以及个体对自我心理和行为的调控，因此，自我调控是个体适应环境的重要心理因素。比如，在适应环境方面，有的人喜欢过高地看待自己，他们以前经常受到表扬，便飘飘然自以为是，只看到自己的优点，孤芳自赏，殊不知天外有天，人外有人；有的人则过度低估自己，总觉得低人一等，对自己的缺点缺乏正确的认识，千方百计地掩饰自己、封闭自己，与人难以相处。

在还没有发明鞋子以前，人们都赤着脚走路，不得不忍受着脚被扎、被磨的痛苦。某个国家，有位大臣为了取悦国王，把国王所有的房间都铺上了牛皮，国王踩在牛皮地毯上，感觉双脚舒服极了。

为了让自己无论走到哪里都感到舒服，国王下令，把全国各地的路都铺上牛皮。众大臣听了国王的话都一筹莫展，知道这实在比登天还难。即便杀尽国内所有的牛，也凑不到足够的牛皮来铺路，而且由此花费的金钱、动用的人力更不知有多少。

正在大臣们绞尽脑汁想如何劝说国王改变主意时，一个聪明的大臣建议说：大王可以试着用牛皮将脚包起来，再拴上一条绳子捆紧，大王的脚就不会忍受痛苦了。国王听了很惊讶，便收回命令，采纳了建议，于是，鞋子就这样发明了出来。

把全国的所有道路都铺上牛皮，这办法虽然可以使国王的脚舒服，但毕竟是一个劳民伤财的笨办法。而改变脚要比改变道路容易得多，只需一小块牛皮就行了。脚改变了，世界也就改变了。所以，我们要生活得幸福，就要学会自觉的适应。

个体适应环境的过程是一个主观与客观、个体与环境相互作用的过程。个体生活在环境之中，首先要认识环境，对环境的要求作出适当的反应。但个体对环境的适应不是被动的，在认识环境的基础上按照客观规律办事，人就能有效地适应和改造环境。因此在适应环境的过程中，个体对于与环境关系的判断具有关键性的意义，决定了个体自我测控的决策取向，并直接影响适应行为的成败。

在实际生活中，对于同一种情境，不同的个体会做出不同的判断，其中主要的影响因素是个体的自我概念水平及其关于人与环境的观点。个体如能对自己有比较恰当的评价，对人与环境的关系有比较辩证的观点，则常能对个体与环境关系的性质作出恰当的判断，而且能有效地掌控个体的心理与行为，在个体与环境之间取得平衡。

因此，当环境与人自身发生不和谐和冲突时，人应该学会根据环境的变化来改变自己，环境不会主动地适应人，只有人学会主动适应环境，人才能生活得更惬意、更有意义。

幸福心语

自我适应主要与个体的自我认识和自我体验有关，良好的自我适应表现为个体自我观察的敏锐性、自我评价的恰当性和情感体验的积极性。

提高自我辨别和决断能力

无论是在生活还是在工作当中，一个人应该具有自我判断能力和决策能力，否则就会犹犹豫豫，错失良机，造成不可挽回的损失。

自我辨别能力和决策能力对领导者来说尤为重要。领导是一种指挥和控制的过程，是人类社会群体活动的必然产物。它的产生，是由于人类社会共同劳动的客观需要，归根结底是由社会生产决定的。因而，它是社会分工协作的产物，并随着人类社会的共同劳动和社会分工协作的进步而发展。同时，领导还是一种行为过程，是领导者为了实现预定的组织目标，运用相应的理论、原则、职能和方法，率领并引导组织内的成员完成预定任务的活动过程。领导者就是组织活动的率领者、引导者，是组织中的主要角色。所以，在特定的条件下，领导者的自我辨别和决策的能力就决定着领导活动成效的大小。

具体来说，企业的领导者必须能够对商业机会有着极其清醒和敏锐的认识，能够将机会和资源恰当组合，形成能够持续赢利的商业模式。当然，这里面有运气的成分，但企业核心领导者的自我辨别和决断力无论如何都是不可或缺的。领导能否看到机会，看到机会之后敢不敢拍板，这都是管理学至今都无法全面科学地加以解释的一种“个人素质”。

领导者要正确地选择组织目标，以及实现目标的方向、路线和时机，关键在于洞察能力。洞察能力就是多种认识能力的综合表现，其中最基本的是观察能力和思考能力：一是在观察能力方面，领导者高超的洞察力集中表现为统筹全局；二是在思考能力方面，领导者高超的洞察力集中表现为着眼于未来。

决断能力，是领导者各种能力中最为重要的能力。决断能力的强弱，直接关系到决策方案选择的优化与否，关系到领导活动的成功与否。领导者要进行优化的决断，就必须对各种方案进行科学的比较、审慎的甄别、全面的分析、综合的评价，进而权衡利弊优劣，选出满意的方案，并做出最科学的决策。为了达到这一要求，领导者就必须具备以下条件：

一方面，领导者要把决策付诸实施，就必须设计出周密严谨的行动步骤，规划出实现目标的具体方法。这就要求领导者既能找出带动整个链条的重点环节，又不孤立地抓重点，以致丢掉一般；既要使行动步骤彼此衔接、天衣无缝，又要从容不迫、调节自如。那种松松垮垮、漫不经心、面面俱到、平均用力、实施决策的“钢琴”是奏不出有声有色、优美动听的音乐的。另一方面，领导者还要善于运用组织的人力去推动决策的实施。

在计划确定之后，领导者必须紧紧依靠系统组织的作用，充分发挥各级组织和部门的积极性，以保证决策的实施。

在现代社会，领导者所领导的对象，一般是关系复杂、情况多变的系统。大的战略决策应有相对的稳定性，但又绝不能“以不变应万变”。这就要求领导者必须具备灵敏反馈、适时调整的应变能力。领导者良好的应变能力包括：一是表现在决策付诸实施的过程中，能够准确掌握执行情况，灵敏接收信息反馈，及时处理不测事件，使领导活动朝着既定目标发展；二是表现在确知无法达到既定目标的情况下，能够果断刹车，尽快调整战略重点，及时进行战略转移；三是还表现在决策达到既定目标之后，能够适时地根据新形势，提出新要求，不断更新目标。

而领导者是否具备上述应变能力，就全在于领导者是否具有自我辨别能力。这里的自我辨别能力分为对外界环境的辨别和自己内心的辨别。准确地辨别外界环境，才能抓住良好的时机；正确地对辨别自我内心，才能清楚自己做一件事情的决心。如果是非常想要做成一件事情，那就要全力以赴，果断行动。

幸福心语

自我辨别能力和决策能力对领导者来说尤为重要。领导是一种指挥和控制的过程，是人类社会群体活动的必然产物。

建立成熟有效的自我防御机制

自我防御机制，是心理动力学上的一个重要理论。日常生活中，每个人都会不知不觉地用到这种机制，但因为它存在于人们意识之外，总是悄悄地来、无声无息地起着作用，所以人们理解起来总觉得很模糊，并不明朗。

简单来说，自我防御机制就是一种解决“本我”与“超我”日常冲突的心理策略。其中“本我”就是信奉“快乐原则”，总是孜孜于本能、欲望和冲动的满足；而“超我”，形象一点说就是“本我”的父母，代表着约束、控制和教育，根据整个社会的规范，告诉“本我”什么能做、什么不能做。“本我”与“超我”的冲突无时无刻不存在，于是自我就是一个疲于奔命的和事佬，在“现实原则”下，对无数个冲突事件做出反应，拿捏着尺度与分寸。

一般来说，“自我”总是折中地满足“本我”和“超我”双方面的需要，但是当两者之间的关系非常紧张，自我感受到强烈的压力而无法排遣的时候，自我防御机制就悄悄地登上了舞台。

虽然自我防御机制是为缓解和克服焦虑而运行的，但是心理学家告诫我们，不要忽略了它的负面效应。自我防御机制终究是一种自我欺骗，它们耗费了我们大量的时间和心理能量去歪曲、伪装以及改变不被接受的冲动，这毕竟是不健康的心理状态，使我们没有精力去有意义地生活或建立满意的人际关系，甚至于一些心理疾病就是因为过度依赖防御机制应对焦虑的结果。

不过仍然有三种防御机制能把我们指向好的方向：升华、幽默和利他。成熟的人们多采取这样的防御机制。

如果一个人很想打人，或者他本身有一些暴力倾向，那么他就帮警察去抓小偷，或者在他选择职业的时候，选择一些倾向于除暴安良的工作。这就叫作升华，即把可怕的无意识冲动转化为社会可接受的行为。

再比如，人们一般把40岁以上的人，叫“老××”。但是，徐静蕾只有30多岁，在博客上她却自称“老徐”。这在潜意识里，就是在以一种自嘲的方式缓解自己对年龄的焦虑。这种幽默的自我防御方式，往往更能拉近人与人之间的距离。

利他，也是一种较好的防御策略。许多心理咨询师，他们早年都存在着某种程度的心理问题，但是他们往往在帮助别人解决心理问题的时候，获得自我完善。同样地，有着不好童年经历的人，有时候也可以通过抚养孩子来找到让自己康复的契机。

精神分析大师弗洛伊德认为，人在碰到挫折时往往会不自觉地运用各种自我防御机制，可以在一定程度上帮助人们顺利应付焦虑，保护受伤的自我。下面就给大家介绍几种主要的防御机制。

1. 压抑

把受到的攻击和痛苦排除到意识之外，即“忘掉它”。比如 8 岁以前一些痛苦的事情我们可能都忘了，但它们依然在无意识中起着作用。

2. 投射

不是直接做出攻击性反应，而主要是在心理上把不良品质归于对方而解释对方的行为。比如你骑车不小心撞了别人一下，对方可能会琢磨你这人是个马大哈，一贯鲁莽成性。

3. 合理化

用“合理”的原因解释受伤的自我。比如有的人没有得到晋升，他可能会找出各种理由，甚至告诉自己真的不想得到那个职位。

4. 反向形式

把自知不受欢迎的方面以相反的形式表现出来，以掩饰事件消极的一面。比如有的小男生喜欢一个女生时，他因为怕碰钉子，所以可能会故意粗鲁地对待她。

5. 升华

把本能的力量转化到可被社会接受的活动中。如人们用体育竞赛在一定程度上发泄攻击本能。

6. 退化

用婴儿的不成熟行为对受到的挫折做出反应，以期回到以前那个安全世界。如有些小学生挨打后会大哭、吮手指、黏妈妈等。

7. 补偿

用面具来掩盖软弱，或用积极的品质来弥补不足。比如一个本质上非常内向的人可能会故意表现出大大咧咧的行为。

以上是人们经常用到的几种防御机制，但是这几种防御机制都有一个共同特点，就是歪曲或否认事实，虽然人们在生活中离不开防御机制，但过度运用某种机制往往是神经症或精神病的症状之一。

幸福心语

“自我”总是折中地满足“本我”和“超我”双方面的需要，但是当两者之间的关系非常紧张，自我感受到强烈的压力而无法排遣的时候，自我防御机制就悄悄地登上了舞台。

生活在希望中的乐观主义者是智者

“郁闷”一词，我们大家都很熟悉。据相关统计，在百度搜索上键入“郁闷”这个词，相关的信息量是3330万条。据说，新浪网曾经在上海、广州、南京等12个城市进行了一项以职场人的快乐工作指数为主题的调查，调查结果是37.72%的网友选择“总的来说是快乐的”；41.64%的网友表示不快乐的时候多；26.64%的网友表示很痛苦，想换个工作。这说明在职场中有60%以上的人快乐指数不高。

为什么人们认识的人越来越多，快乐却越来越少？人们的沟通工具越来越便利，却越来越寂寞了？人们的物质越来越丰富，精神却越来越匮乏？归根结底是心态出了问题。

1. 心态决定命运

心态是一个人对自己、对他人、对社会的看法，是对工作、对家庭、对同事所持的态度。一位哲人曾说：“你的心态就是你真正的主人，要么你去驾驭生命，要么生命驾驭你，你的心态决定谁是坐骑，谁是骑士。”

一个人能否有成就，就看他的心态了。成功人士与失败者之间的差别是：成功人士始终用最积极的思维、最乐观的精神和最辉煌的经验引导自己的人生；失败者则恰恰相反，他们的人生常受过去种种失败的困扰，徘徊不前。

心理学专家通过研究指出：每个人每天可能会产生5万个想法，如果你具有积极、乐观和黄金的心态，就能使这5万个想法转化成快乐和成功；反之，如果你用消极的心态去转化，可能就会把这些想法转化为痛苦和失败。因此，心态决定命运。因为心态改变，行为随之改变；行为改变，习惯随之改变；习惯改变，性格随之改变；性格改变，品德随之改变；品德改变，命运随之改变；命运改变，人生随之改变。

2. 树立积极健康心态、打造和谐乐观人生

（1）培养积极思想

老子发明了道教，后来产生了禅宗。老子主张清静无为、无为而无不为，老子的思想其实是一种积极的出世的心态。而孔子给后代传下来了一种积极的入世的方法和心态，即每个人在追求功名利禄的过程中，实现自己的人生价值，进可攻、退可守。事业成功了，修身、齐家、治国、平天下，鲜花掌声什么都会拥有，人也会随之变得快乐幸福；事业不成功，无为无不为，清净、淡泊、自然才是真。

入世与出世都是积极的人生观。中国现代著名的美学家朱光潜先生说过这样一段话：人要以出世的态度做人，以入世的态度做事，也就是以出世的精神做入世的事业。

（2）正视挫折困难

平心而论，谁也不希望自己的生命经常忍受挫折与困难，哪怕真的是因此可以增加人生的美丽，也不会有人欢呼着说：“啊，我多么喜欢折磨式的历练呀！”人总是向往平坦和安然的生活。然而不幸的是，挫折和困难对生命的侵袭，并不以人的主观愿望为依据，不论人们喜欢与否，它只管我行我素，甚至有时还要强加于人，谁奈它何？

既然如此，人们为什么不让自己振作起来去迎接人生挑战呢？生命因

磨难而美丽，在于磨难使人生收获了用金钱买不到的某种负面阅历。人生阅历，正面的居多，人生的教诲，善良的居多，这些东西都构不成对人生的磨炼，唯有挫折和困难带来的折磨具备这种性质。常言道：“猪圈难养千里马，花盆难栽万年松!”为什么会是这样的呢？就是因为其缺乏磨炼的机会。

（3）学会换位思考

换位思考就是所谓的同理心，即以心换心，是指在人际交往过程中，能够体会他人的情绪和想法、理解他人的立场和感受，并站在他人的角度思考和处理问题的能力。

猎狗和兔子在网上聊天。猎狗问兔子：“老弟，你为什么天天跑得那么快，让我天天吃不上饭?”兔子说：“老兄，我不跑这么快怎么办，你跑不快的结果就是逮不住我，少吃一顿饭的事，可我跑不快就惨了，被你逮住了，我的命就玩完了!”

猎狗不理解兔子为什么要跑得这么快，如果它站在兔子的立场上考虑就能够充分理解了。不同的人有不同的教育、出身、文化背景，所以在看待同一事物时，产生不同的观点是正常的。所以要设身处地地考虑别人的观点，和别人真心沟通。孔子说过：“己所不欲，勿施于人。”就是说自己不想要、不喜欢的事物，不要强加给别人。这应该成为人们处理人际关系的基本准则。

（4）树立感恩心态

在为人处世的过程中，要学会感恩，甚至是自己的对手乃至敌人。在许多时刻，对手和敌人会比朋友更真诚，当他打击你时，丝毫不会给你留有余地；当他奚落你时，那份冷酷与绝情会让你刻骨铭心。是对手或敌人的强悍使你闻鸡起舞，练成一身好功夫；是对手或敌人的狡诈，使你时刻保持警觉之心；是对手或敌人的强大鞭策，使你卧薪尝胆、韬光养晦；是对手或敌人的智慧激励你不断学习、与时俱进；是对手或敌人的威胁，警醒你战战兢兢、如履薄冰；是对手或敌人的围追堵截，才使你不断自我否定和扬弃，才使你打败了真正的敌人——自己。

只有做到以上几点，心中永远怀有希望的乐观主义者才是智者。

幸福心语

挫折和困难对生命的侵袭，并不以人的主观愿望为依据，不论人们喜欢与否，它只管我行我素，甚至有时还要强加于人，对此，我们只有乐观地对待。

创造自己的生活理想

18 世纪法国启蒙思想家伏尔泰说："人类最可贵的财富是希望。"一个人有了理想，生活才有了希望，精神才有所寄托。远大理想是人生奋斗的方向，行动的指南，精神的支柱，前进的动力。所以，理想对一个人来说非常重要。

理想是人们在实践中形成的同奋斗目标相联系的有实现可能性的对未来的向往和追求，是人们的世界观、人生观在奋斗目标上的集中表现，是人类特有的精神现象，是人类社会实践的产物。它有着不同的类型、层次和多方面的内容，有个人理想、社会理想，个人理想中又有道德理想、职业理想、生活理想等，社会理想中又包括共同理想和部分先进人物的崇高理想。现实是客观存在的事物，它既有真、善、美，也有假、恶、丑，其因素是复杂的、充满矛盾的。因此，如何正确认识、处理理想和现实的关系，是摆在每个人面前的一个必须解决的重要问题。

那么，理想和现实是什么关系呢？它们同其他事物一样，是对立统一的关系，既有矛盾又是统一的。理想和现实的矛盾主要表现在：理想属于“应有”的范畴，现实属于“实有”的范畴，“应有”高于“实有”。科学的理想是符合事物发展规律的，是劳动者对未来的追求和向往，是经过奋斗才能实现的，是真、善、美的集中表现。因而，理想能够成为人们为之奋斗的目标，具有鼓舞人们奋发向上的功能。而现实世界是很复杂的，并非十全十美的。

当前我国正处在社会主义初级阶段，由于各种原因，存在的矛盾和问题很多，与美好的理想相比较，差距较大，矛盾也比较突出。理想和现实的统一之处表现在：理想根植于现实，是现实的升华，现实孕育着理想，是理想的基础；理想可以转化为现实，即过去的理想，经过奋斗已转变成今天的现实；今天的理想，经过艰苦不懈的努力，可以成为明天的现实，理想的实现过程就是改变现实的实践过程。

通常所说的生活理想，即对衣、食、住、行、娱乐、婚姻、家庭生活的向往。大家常说的衣服理不理想，住房理不理想，家具理不理想，等等，都属于生活理想。生活理想要从实际出发，不可搞超前消费。不顾自己的实际情况和经济来源，一味追求高标准，搞家庭小四化，以至于四处借债或进行经济犯罪，都是应该反对的。年轻人对婚姻的向往，也是生活理想。找爱人的标准也要实事求是，否则，无法实现，徒增烦恼。

然而这些都是最基本的物质层面上的生活理想，一个人要想持久地拥有幸福与快乐，就要树立远大的精神层面的理想，比如服务他人、贡献社会的理想，只有精神层面的理想，才能带给人内心长久的幸福感。

幸福心语

一个人有了理想，生活才有了希望，精神才有所寄托。远大理想是人生奋斗的方向，行动的指南，精神的支柱，前进的动力。

希望是乐观主义者的信仰

对希望的定义一直饱含争议。有一部分学者认为希望属于情绪范畴。1960 年，莫厄尔将希望定义为一种起着次级强化作用的情感。埃里克森则把希望定义为达到强烈愿望的一种持续信念，希望促进个体保持朝向目标的行为。1974 年，戈特沙尔克认为希望是一种积极期待，比如特殊喜爱的结果与有可能发生的乐观主义的总和。还有一部分学者认为希望属于认知领域。1986 年，有学者把希望定义为人头脑中的思想，是一种对认知状态的描述，是一种心理活动的过程，个体能够很真实地体验希望的本质。1987 年，戈弗雷认为希望是坚信愉快结果与可能发生的信念，这种信念被个体所感知，为个人所拥有的资源引导。另一部分学者将希望看作情绪与认知的结合。1991 年斯奈德和他的同事们定义希望是一种积极的动机状态，这种状态是基于内在成功感并且包括意愿动力（目标导向能量）和途径思维（实现目标的计划）两个方面。在斯奈德建立的希望模型中，共有三个因素共同决定希望：目标、意愿动力及途经思维，三者相互独立、相互作用又相辅相成。

无论哪种定义，都透露出了希望和乐观是相互联系的，一个心中没有希望的人是不会乐观的。希望和乐观是人生成功的两个联袂加工机制：希望是人生走向成功的目标导向机制，即所谓“不扬鞭（不靠外压力），自奋蹄（目标激发力）”；乐观是人生走向成功的结果强化机制，即所谓“胜不骄（成功正强化），败不馁（失败负强化）”。

乐观的概念众多，目前应用广泛的有气质性乐观和乐观解释风格。气质性乐观起源于心理学中传统的期望——价值理论。他们认为对行为结果的预期在决定人们是继续坚持下去还是放弃行为上起着重要作用。舍勒和丰弗将乐观看作一个人格变量，认为乐观是指个体总体上对积极结果的期望，而悲观主义是个体总体上对消极结果的期望。气质性乐观作为一种人格特质，是比较稳定的。在气质性乐观的概念中，突出了乐观与悲观的对立性，它们是一种非此即彼的状态，高乐观和高悲观、低乐观和低悲观不可能同时存在于个体中。乐观解释风格的概念是基于塞利格曼的习得性无助理论。乐观就是把挫折、失败和不幸遭遇的原因看作是暂时的，是由外部因素造成的或相对于一个特定的情境来说的；悲观则是将造成失败等不利因素的原因看作是永久的和普遍的。乐观解释风格更看重乐观的重塑，通过对乐观的培养，成为乐观者。

乐观的人遇事满怀希望，在困难面前永不退缩。而目标是希望的根本，没有目标也就无所谓希望，目标就是希望的核心部分。一个满怀希望的乐观主义者，一定是一个善于确定目标的人。确定了目标之后，个体为了达到目标则会寻找途径，通常会找到至少一个途径以完成目标。而在完成目标的过程中，需要意愿动力推动个体，个体既可以从一条途径开始行动，也可以沿着那条途径取得自我指导。在遇到困难时，路径思维会继续寻找解决问题的方法，或者从最开始确定的路径中选择其他方法继续完成目标，意愿动力则继续作用于第二种路径，直到最终达到目标。

幸福心语

希望和乐观是相互联系的，一个心中没有希望的人是不会乐观的。

第五章 积极的个性特征

它从来都会像世界的涟漪一样勇敢地去微笑，它从不追逐所谓的权力；它没有一点儿兴趣去追问自己在何时何地，而它却在爱与被爱间活出了唯一，绽放出的是传奇。轻柔多变是它的身姿，姹紫嫣红是它的表情，它俯首赢得万物生，抬头换来一世名。这就是一朵花，虽然芬芳了世界却不见其踪迹。而它内心的秘密，只有它自己最懂。

博爱是优良个性，是一种能力

天空对鸟儿的关爱，让鸟儿飞得更高；海水对鱼儿的关爱，让鱼儿畅快地游玩。人与人之间也需要关爱，关爱是人与人之间沟通的最真诚的开始。

关爱，有时是一双搀扶的手。遇到步履蹒跚的残疾人，我们可以伸出我们爱的双手来扶着他过马路，这对于我们不过是很小的事，可是却能给残疾人带来很大的方便。

关爱，有时只是一枚带着体温的硬币。当我们走在大街上，看见衣衫破旧的乞丐，我们能为他们做点什么呢？我们可以从兜里掏出一枚硬币。对于我们来说一枚硬币算不了什么，可是对于乞丐来说却意义重大，可以让他们吃上一顿饱饭。

关爱，有时只是一份援助。对于受灾的人来说，我们可以给他们各种援助，包括物质上的和精神上的，让他们知道他们并不孤单，让他们也拥有战胜困难、战胜灾难的勇气。

“赠人玫瑰，手有余香。”当我们关爱别人时，内心也会充满快乐。其实，我们每个人就像是一杯水，今天给别人一勺，明天又给别人一勺，而这水是活水，是会回流的，等我们没有水的时候，别人就会来帮助我们，解决我们缺水的难关。所以，关爱他人，就是关爱我们自己。

有这样一个经常被用作 MBA 教学案例的故事：

一次，李嘉诚来到某酒店，服务生为他打开车门，李嘉诚递给他 50 港币的小费，不小心把一枚硬币掉在了地上。这时候，出乎所有人的意料，这位拥有上百亿美元巨资、亚洲最富有的人快走几步，把硬币捡起来，小心地放回了口袋。

美国出版的一本叫作《邻家富豪》的书中写道："金钱很像种子，你可以吃掉种子，也可以种植种子，但当你看到种子长成了高高的谷物，你就不想浪费它。"对李嘉诚而言，每一枚硬币都是一枚种子，都可能长成参天大树；每一枚硬币也都是一次机会，成功者几乎都有一个共同的特点——不放过手头的每一次机会。也正是凭借绝不放过任何一次机会，李嘉诚把时机变成自己可以起跳的跳板，从而把自己的商势变旺盛。李嘉诚曾以 18 亿美元净资产进入《福布斯》全球富豪排行榜中的前十名，并且是第一个跻身全球十大富翁之列的华人，创下华人入榜新纪录。

李嘉诚有经商的真知，更有做人的良知——关爱家乡，回报社会。1978 年 9 月底，李嘉诚作为港澳观礼团的成员，应邀到北京参加国庆典礼。这是他有生以来第一次到祖国首都，也是他逃避战乱远走他乡 38 年来，第一次踏上祖国大陆的土地。观礼团受到国家领导人的亲切接见。他从首都人的精神面貌上，预感到中国将会发生巨变。我该为祖国为家乡做些什么？这一问题时时萦绕在他的心中。1979 年，李嘉诚回到阔别近 40 年的家乡，返回香港后，李嘉诚与家乡飞鸿不断，他在信中恳切地说道："月是故乡明。我爱祖国，思念家乡。能为国家为乡里尽力，是我引以为荣的事情"。"本人捐款绝不涉及名利，纯为稍尽个人绵力。"……独自兴办汕头大学，更是李嘉诚爱国义举的一块丰碑。

1979 年至今，他捐出的款额逾 20 亿港币。慷慨解囊，善举义行，在家乡广为流传。尤令人称道的是，他淡泊名利，保持低调。把大家当成自己家的商人，是有道义之人。在华人财富巨人中，李嘉诚在这方面做得极为突出，他时时关心大家，资助大家，把自己对社会的关爱用另外一种形式表现出来。尤其是他在带头复苏香港经济方面，更是从大局考虑，值得称道。国家领导人多次接见他，对李嘉诚先生多年来积极支持国家经济建设和热心捐助内地教育、慈善事业表示赞赏，高度赞扬他为祖国为家乡做出的贡献。

做人、做生意都求做大，但做大之要诀何在呢？李嘉诚的观点就是：为善之法至关重要。由此我们也可以看出，如果一味掉在自己的私利中就会成为贪婪者；相反，多行善举，胸怀济世精神，便可赢得自己人生的价值。

幸福心语

“赠人玫瑰，手有余香。”经商要有经商的真知，更要有做人的良知。如果一味掉在自己的私利中就会成为贪婪者；相反，多行善举，胸怀济世精神，便可赢得自己人生的价值。

深度探讨一下“工作的能力”

每个人在工作中都会遇到一些棘手的问题，我们只有工作的愿望，没有工作的能力是不行的。

魏徵在《魏郑公文集·谏太宗十思疏》中说："木之长者，必固其根本；欲流之远者，必浚其泉源。"当前经济社会发展节奏加快，要提供优质服务，首先要增强本领。那么，我们应该如何做才能提升工作的能力，肩负起工作的任务呢？我们应该从以下几个方面进行努力。

1. 抓住重点

俗话说："穿袄提领子，牵牛牵鼻子。"在工作中应抓住工作重点和难点。首先要找准"牛鼻子"，从宏观上审视各项工作，找出能够"牵一发而动全身"的关键环节。其次要抓住"牛鼻子"，时刻将核心工作攥在手里，引领各项任务围绕一个大局、向着一个目标前进。最后要牵紧"牛鼻子"，持之以恒、坚定不移地推进各项重点工作。

2. 勤学善悟，增强学习力

在现代生活和工作中，新情况、新问题层出不穷。我们要提供优质服务，就需要学习很多文化和科学知识。因此，在现代岗位上，我们更应该是"通才"和"杂家"，要把加强学习当作一种责任、一种生活，注重知识的积淀，厚积而薄发，注重实践的积累，去伪而存真。在"学而思、思而用、用而悟"的过程中完善自我。

3. 统筹安排工作

统筹安排工作也是一项非常重要的能力。在工作中，要学会综合谋划、统筹安排各项工作。首先要"定好基调"，根据上级部署和领导指示，准确研判形势，正确领会意图，拿出总体方案。其次要"把好布局"，区分主次大小和轻重缓急，科学安排工作布局。最后要"引好方向"，办公室应当一马当先、率先垂范，引导各项工作“同向流动”。

4. 雷厉风行，增强执行力

现代工作千头万绪，面广、线长、事多，没有很强的执行力，决策就难以落实，工作就难以见成效。所以，我们要做到反应灵活，凡事要有先见、要早动手，争取工作的主动权；做到节奏快，凡事快接、快转、快办、快查，立说立行，有条不紊、忙而不乱；做到落实好，在办文、办会、办事上多改进方式方法，优化方案流程，把领导、机关、基层、群众的意见真正落到实处。

5. 不怕打头阵

在工作中，应学会冲锋“打头阵”，奋力“向前奔”。首先要“大踏步”，豪情满怀、踌躇满志地抓工作，该走则走，当跑则跑，需跳则跳；其次要“快踏步”，不能走一步看两步，更不能走两步停一停，工作的连贯性靠的就是一鼓作气，一步接一步；最后要“猛踏步”，蹬蹄子的时候力量要足，甩蹄子的时候更要用足劲，迅速果断地抓工作，排除艰险、攻坚克难。

6. 用心干事，增强创造力

工作上要多发挥创造力，懂得提供超前服务和主动服务。要用心想事，参谋有道。领导未谋有所思、领导未闻有所知、领导未示有所行。谋全局、抓要害，提供有见地、有价值、有分量的调研成果和决策建议。要用心理事，协调有方。承上启下，联系左右，多做“穿针引线”“铺路架桥”的工作，协调不同意见，会聚多方力量。要用心成事，保障有力。围绕党委决策部署抓落实，围绕热点、难点、焦点抓督查，长有计划、短有安排，事事有答复、件件有回音，确保重点工作抓一件、成一件。

7. 使好“牛脾气”

柔性协调是不可或缺的工作方法，凡事较真一点、硬气一点，抓好整件事的落实，都是工作所必需的。所以，首先，在工作中要把握好“牛脾气”的落脚点，目的必须是为了推动工作、完成任务，而不能以之为名乱发脾气，甚至狐假虎威，借着领导名义发号施令。其次要把握好“牛脾气”的时机，只有在迫不得已时才能“发作”，在工作开展顺利的情况下就应当“偃旗息鼓”。最后要把握好“牛脾气”的分寸，根据事情的大小、轻重、缓急程度，灵活把握，不能动不动就“牛气冲天”“火冒三丈”。

8. 发扬“牛精神”

牛的精神是脚踏实地、任劳任怨。首先要将“牛精神”内化于心，不断增强责任感和使命感，提高思想认识。其次要将“牛精神”外化于行，把精力集中到干事创业上来，把心思用到优化服务上来。最后要将“牛精神”普化于众，身体力行、做好表率，打造一支能征善战、吃苦奉献、克难而进的队伍。

幸福心语

我们只有工作的愿望，没有工作的能力是不行的。因此，我们要掌握提升工作能力的方法。

勇气是一个人很关键的个性品质

我们常常说知识、技能、健康、财富、容貌等对一个人来说非常重要，然而，我们还忽视了一项比较重要的东西，那就是勇气。

勇气与知识、技能等不同，不是想用就用，有时候机会只有一次。它就像身处绝境的人所发现的从悬崖上垂下的葛藤。如果葛藤在半腰朽断，使攀登者粉身碎骨是一回事，而敢不敢攀登则是另一回事。对于攀藤条获得自救的人来说，他们成功的原因就在于勇气。

勇气并不是蛮勇之力，它所挑战的对象不是外界，而是自己。对一个失去双臂的打工妹来说，她最需要的不是假肢而是勇气。双臂已不可得，如果像别人一样生活，并活得很好的话，除了勇气，其他帮助都不可能使她成功，亲人及最新科技成果甚至充足的财富都代替不了失去双臂的缺憾。使这只已经搁浅的生命之船重归航道的理由，只能是勇气。

曾看到一则这样的有关自责的勇气的小故事：

刚到荷兰时，朋友告诉我，到荷兰一定要看郁金香，郁金香给荷兰人带来温馨，带来人与人之间的和谐，而“自责”最能体现这种和谐。

一天，我在家中接到了一个“自责”的电话。

“您好，我是电力公司的。您家这个月的电费比以前多了26欧元，我可以知道原因吗?”

“您是在怀疑我没有按照有关规定用电吗?”我的声音有点儿高。

“您误会了。我发现您的电费上涨了，担心是哪里漏了电，想请您注意。如果您认为有必要的话，我们马上就上门去检查。”

半小时后，两个身着工作服的人来到我家，对房间里的线路进行了全面检查。

这件事让我想起最近收到警察局寄来的一封信。信中说，我对交通规则不太熟悉，曾两次违规。信末尾的一段文字让我很意外：“尊敬的先生，您的车两次违规，我们想知道原因，是不是红灯等交通设施所处的位置不合理，或者是发生了故障？对此，我们表示歉意，希望您能将您的意见告诉我们，谢谢！”

我送两位检查线路的工作人员出门时，看到了邻居爱德华，他老远就朝我挥手。

“我听说您的车因为违规被警察处罚了。”

“是的。这与您有什么关系呢？”

“您忘记了吗，前段时间我借过您的车。”几天前，爱德华借我的车去接孩子，前后也就半个小时。他的话让我大跌眼镜：“我借过您的车子，违规的可能是我。”

此时，妻子和我惊诧得张大了嘴，不知道该说什么。

遇事不是推脱责任，而是从自身找原因，这种“自责”的勇气不正是一种难能可贵的品质吗？

在一些大事面前，更需要把人生的智慧浓缩成为小小的能量块，瞬间裂变，扭转乾坤的勇气。例如斯大林指挥格勒保卫战、毛泽东面对朝鲜战争、肯尼迪处理古巴导弹危机，知识与经济并不能支持这些领导者做出最后的决断，这需要的是一种超强的勇气。

勇气是看不见的，如同镭的裂变无法目睹，但它的能量却不能低估。人们很少看到用“勇气”来称赞一个人，常见的赞语往往是“果断”“睿智”“洞察力”“渊博”“沉稳”等，因为人们往往注意不到勇气在历经大事之际所发挥的作用。每个人都希望过一种平静的、不需要勇气的生活，但是我们应该具备一定的勇气，应该将勇气当作一把随时能够拔出来的利剑，放在离自己最近的地方，需要用的时候就毫不犹豫地派它上场。

幸福心语

勇气与知识、技能等不同，不是想用就用，有时候机会只有一次。

人际交往中的原则性、灵活性和技巧性

现代社会中人际关系错综复杂，有的人能够左右逢源，而有的人却孤立无援，究其原因就是有的人懂得人际交往的原则性、灵活性和技巧性，而有的人却一无所知。

在人际交往中，交流是人与人之间相处的媒介和基础。没有交流，就没有了解，彼此就不可能成为朋友。交流的形式有很多，比如对作业、实验、课程的交流，运动场、球场上的谈话，路上、饭桌上的沟通，办公室里的会谈等。在与人交流时，如果我们能够互相尊重、真诚待人、求同存异和注重交际艺术的重要性，那么我们一定能够营造出一个和谐的交往环境。

1. 相互“尊重”

尊重的基本含义是尊敬和重视，包括自尊和尊重他人两个方面。我们在此只谈尊重他人。尊重他人就是重视他人的人格、权利、名誉、生活习惯等，承认交往双方的平等地位。尊重也体现了公平待人。在人际关系处

理中，尊重别人应该是很容易的事情。比如，说话时善于倾听别人，尊重别人的发言权，尊重别人选择电视频道的权利，尊重别人的家庭出身，尊重别人的生活规律，尊重别人的隐私等。否则，极容易发生冲突。同时，尊重对方并不需要对方与自己一定有共同爱好，对于自己实在不愿意接触的人，我们可以选择少与他交往，但没有理由不尊重他。

2. 真诚

真诚，就是以诚待人。有了真诚，人与人之间才会觉得安全、轻松，心情才会舒畅，也才有了相互交心的渴望。人与人之间需要待人以诚、以心交心。比如，当自己遇到困难，思想上有困惑，家里出了变故，都可以毫无顾忌地说给朋友听，听听朋友的意见，这样更有利于问题的解决，也加深了彼此的情谊。一个人的真诚要得到交往对象的认可、接受并引起互动，常常需要一个过程，在这个过程中，暂时的不被理解甚至被误会的情况是会经常发生的。这时候，就需要我们诚恳地与对方进行交流。即使对方暂时不理解，相处的时间长了，也就会自然而然地明白的。

3. 审时度势，相机行事

只有知己知彼，尽可能了解对方的有关背景及他与你交往的目的，并努力揣摩对方的心态，留心观察他的神态、姿势、语言，才能做出快捷的反应与正确的判断。相机行事的目的是为了达到交往的成功，为了使交谈更投机、深入。所谓“话不投机半句多”就是这个道理。而谈话能否投机，关键在于双方能否共同去营造一种融洽的气氛。吉拉德·黎仁柏在他的《打入别人的心》一书中说：“在你表现出你认为别人的观念和感觉与你自己的观念和感觉一样重要的时候，谈话才会有融洽的气氛。在开始谈话的时候，要让对方提出说话的目的或方向。如果你是听者，你要以你所要听到的是什么来管制你所说的话。如果对方是听者，你接受他的观念将会鼓励他打开心胸来接受你的观念。”可见，双方这种互动的过程是相当重要的。也只有这样，才能实现“投其所好”，才能做到“上什么山唱什么歌”，才能实现人际有效的沟通和理解，而不致出现交流沟通的障碍。

4. 求同存异

来自不同的地域和家庭的人，有着不同的生活方式和生活习惯，与人相处就必须以积极的心态接受每个人的生活方式。由于每个人在经历、文化、修养等方面存在着差异，朋友之间难免产生摩擦，这也是正常的，得饶人处且饶人，我们不能因为一件小事就斤斤计较，抓住不放或报复。只有设身处地地去理解对方、宽容对方，才能交到更多的朋友。

5. 不卑不亢，落落大方

与人交往，既不能居高临下，以势压人，又不能低三下四，唯唯诺诺；与人交往时，千万不能故作姿态，虚情假意；阿谀奉承、曲意迎合是一种愚蠢；尖酸刻薄、出言不逊也是一种愚蠢。归纳起来，要做到：与上司交谈时不畏不媚，与下属交谈时不傲不虚，与陌路人交谈时不拘不滥。

6. 从容不迫，言简意赅

一个人思维要清晰，但说话要比思维更清晰，而且要学会言简意赅，不要离题太远、喋喋不休，也不要含糊其辞、模棱两可。说话要从容不迫，不要像机关枪似的，要留心你的语言是否已为对方所理解。言简意赅，不要用一些过于抽象的语言，而是要用恰当的措辞，既能让对方理解，又不要得罪对方。

一位阿拉伯哲人说过："一个没有交际能力的人，犹如陆地上的船，是永远不会漂泊到壮阔的人生大海中去的。"人际交往能力的培养就是每个人都必需的，我们只有掌握了人际交往中的原则性、灵活性和技巧性，才能营造一个良好的人际交往环境。

幸福心语

人际交往中，交流是人与人之间相处的媒介和基础。没有交流，就没有了解，彼此就不可能成为朋友。

千万不可丧失对美的感知力

夸美纽斯说："美的事物总是具体的、形象的、可感的。"美感起源于形象直觉，视觉和听觉是审美感知的两个重要功能。利用视觉、听觉创设环境，感知生活中的美丽，能够增加我们的幸福指数。

用我们的心去感知外界，我们将倾听到许多美妙的声音，也将感知到许多美好的事物。但我们是否都会倾听、感知美好呢？学会倾听对于每一个人都非常重要。学会倾听，我们可以从中感知许多预想不到的事。当别人说话时，学会倾听是一种对人的尊重，而在别人说的这段话中，我们有可能从中得到不同的收获。人生哲理，经典语言，这些都可以帮助我们，让我们的生活更加丰富多彩。而学会了倾听，就能让我们感受得到世界上的任何一种声音都让人有无限遐想的美丽。

倾听对人是有很多好处的，倾听可以净化我们的心灵，倾听可以提高我们的素质，倾听可以使我们得到快乐。学会倾听就得到了尊重，会让我们感知世界的美好，让我们随时随地拥有好心情，同时也可以感染我们周边的所有人。有人抱怨这个世界到处“病毒”横行，环境恶化，让人没有安全感，更是感觉不到大自然的美丽。其实，早在1990年，诺贝尔生理学或医学奖得主约书亚·莱德伯格就撰文警告说：“流行病不是上帝的行为，但它已经参与到病毒、生物物种和人类之间的生态关系中来……将来我们会有更多的惊奇，因为我们贫乏的想象力还赛不过大自然能够玩弄的所有诡计。”

眼下这个世界的情形包括仍处于低迷状态的经济形势，看似颇有些悲观，但在我们的生活中美好的、奇妙的事物比比皆是，在某杂志的“博物”一栏中就有一篇文章——《四院刺槐上寄生的构树》就描述了北方少见的一种植物寄生现象。当初究竟是谁“精心种植”了这株构树？这样的事件发生概率有多大？话题延伸开来很有意思。在“人与自然”栏目中所讲的《松鼠的取食之道》以及种种趣闻，作者就告诉我们：松鼠还有一个习性，那就是它们的繁殖与食物的丰歉密切相关，这是动物界自我调节生态平衡的一种本能。

哲人有言：“人创造了两种真正强有力的认识自然和自己的手段——科学和艺术。”人们通常以为，科学是理性的王国，秉持的是严谨的逻辑思维；而艺术是感性的王国，秉持的是浪漫的形象思维，两者似乎并不搭界。然而，科学和艺术的创作是理性和感性的互相渗透，两者并不相互矛盾，甚至还互为影响，并且往往有着不可分割的紧密关系。有一个叫作“科苑谈艺”的栏目，就涉及这方面的话题。专栏作者詹琰博士跟大家一起，以科学思维审视艺术，以艺术眼光欣赏科学，去探索、发现并赏析了生活中的许多美。

生活中并不是缺少美，而是我们缺少发现美的眼睛。大自然创造的美是无声无息的，需要我们用心去感知。不仅大自然中存在一些美丽，社会生活中也处处充满了美：为救困在车中的人，几十个人一起把车掀起来；为了救人而错过了自己高考的学生；为了抵抗暴徒袭击，新疆几千名普通百姓与暴徒对抗……难道这些不是美吗？这都需要我们用心去感知，用心去感受。

幸福心语

学会倾听就得到了尊重，让我们感知了世界的美好，让我们随时随地拥有好心情，也可以感染我们周边的所有人。并且，如果我们每个人都为世界贡献出一份爱心，那么我们的世界也必然处处充满美丽。

毅力的心理根源、效能和培育

有人说："垂下头颅，只是为了让思想扬起，你若有一个不屈的灵魂，脚下就会有一片坚实的土地。"无论何时何地，我们都应该保持向上的精神，只要有毅力，一切困难都不在话下。

我们为了颂扬具有毅力的人，常常讲到愚公移山的故事。愚公的毅力确实惊人，连玉皇大帝都感动了。但试想一下，假如愚公迁居到两座大山之前，出门不便的问题不就解决了吗？搬家与挖山的工夫相比，可谓微乎甚微。当然此设想并非否定愚公移山精神，这种具有毅力的精神我们还是应该赞扬。在这里只是从工作的效能方面来谈，两者并行不悖。

有的人为了成就一件事情，无数次地努力而不退缩，这种精神值得表扬。然而我们成功之路有千万条，我们的目的是要成功，而不是要坚持一条道跑到黑。如果我们经历失败以后，能够总结经验教训，选择新的方案，重新再来的话，收益一定会快得多、大得多。所以，我们每做一事，都要切合实际，讲求效益。只有把毅力与效益有机地结合在一起，才能事半功倍，得益匪浅。

要培养我们的毅力，就要做到以下几点。

1. 有坚定的信念

红军长征的时候前有堵截、后有追兵、上有飞机、下有沼泽、衣不御寒、食无充饥，然而他们还是甩掉了追兵，爬过了雪山，走过了草地，取得了长征的伟大胜利。而今天重走长征路，就是坐汽车也要走 3 个月。当时的红军为什么不怕困难险阻呢？就是因为他们有坚定的信念：黑暗即将过去，白昼就要到来，革命一定能取得成功。据科学研究，一个人不吃饭，可以活 7 天，不喝水，只能活 3 天，而唐山大地震时，一个人被楼板压住了大腿，竟然奇迹般地活了 19 天，就是因为他坚信一定有人来救他。

2. 坚强

培根说过："顺境中的美德是自制自控，逆境中的美德是不屈不挠。"人生逆境十之八九，命运常常与人们的主观愿望相悖。要正确认识逆境，做好充分的思想准备，确立积极的生活态度，面对顺境不骄傲，面对逆境不气馁，勇敢地做生活的强者。法国大作家巴尔扎克说过："苦难对于天才是一块垫脚石，对于能干的人是一笔财富，而对于一个弱者则是一个万丈深渊。"马丁·路德·金说："要最终评价一个人，不能看他在顺境时如何意气风发，而要看他在逆境中能否乘风破浪。"

斯蒂芬·威廉姆·霍金是享有国际盛誉的伟人之一，被称为在世的最伟大的科学家。20 世纪 70 年代他与彭罗斯一道证明了著名的奇性定理，为此他们共同获得了 1988 年的沃尔夫物理奖。他因此被誉为继爱因斯坦之后世界上最著名的科学思想家和最杰出的理论物理学家。他还证明了黑洞的面积定理。霍金的生平是非常富有传奇性的，他担任的职务是剑桥大学有史以来最为崇高的教授职务，那是牛顿和狄拉克担任过的卢卡逊数学教授。他拥有几个荣誉学位，是皇家学会会员。他因患卢伽雷氏症（肌萎缩性侧索硬化症），禁锢在一张轮椅上达40年之久，但他身残志不残，使之化为优势，克服了残废之患而成为国际物理界的超新星。他不能写，甚至口齿不清，但他超越了相对论、量子力学、大爆炸等理论而迈入创造宇宙的“几何之舞”。尽管他那么无助地坐在轮椅上，他的思想却出色地遨游到广袤的时空，解开了宇宙之谜。

霍金的魅力不仅在于他是一个充满传奇色彩的物理天才，更在于他是一个令人折服的生活强者。他不断求索的科学精神和勇敢顽强的人格力量深深地吸引了每一个知道他的人。一次，在霍金做完学术报告后，一名记者不无怜悯地问他：“霍金先生，卢伽雷氏病魔将你永远地固定在轮椅上，您不认为命运让你失去太多了吗?”霍金用手指艰难地敲击键盘：我的手指还能活动；我的大脑还能思维；我有终生追求的理想；我有爱我和我爱的人；最重要的是，我有一颗感恩的心，我感到很幸福。

著名作家欧文·斯通曾对众多伟人进行过研究，并得到了这个感慨：“他们都曾遭到当头一击，一度被彻底打倒，然后在接下来的许多年里，他们走投无路。但是每次被打倒后，他们总会站起来。你不能摧毁这些人。”古今中外大量事实说明，伟大的人格无法在平庸中养成，只有经历熔炼和磨难，视野才会开阔，灵魂才会升华，事业才会走向成功。一个人能吃常人不能吃的苦，才能做常人不能做的事。从这个意义上延伸，人生吃苦就是吃补，是补意志、补知识、补才能、补灵魂。所以，遇到挫折，一定要坚强，首先要自己面对。许多时候，我们必须独自去面对一些烦恼的事情，必须独自去克服一切困难。有许多问题是别人帮不了你的，只能靠自己。

3. 有毅力

谈到毅力，很大程度上是要战胜自己。

一位父亲很为他的儿子羞恼。因为他的儿子已经十五六岁了，可是一点男子气概也没有。于是父亲去拜访了一位禅师，请他训练自己的孩子。禅师让父亲将孩子留下三个月并且不要来看他，父亲同意了。三个月以后，父亲来接孩子，禅师安排孩子与空手道教练比赛，教练一出手，孩子应声而倒，他站起来继续迎接战斗，但马上又被打倒，他就又站起来……就这样，来来回回共二十次。“你觉得孩子的表现够不够男子汉气概?”禅师问父亲。“我简直羞愧死了，没想到还是这样的不经打，被人一打就倒。”禅师说：“很遗憾你只看到表面的胜负，你没有看到你儿子那种倒下去立刻又站起来的勇气和毅力吗？这才是真正的男子汉啊!”

战胜自己不是件容易的事，它需要很大的勇气和超越常人的毅力，但只要站起来的次数比倒下去多一次就是成功!

4. 有自信

古希腊大哲学家苏格拉底临终前有一个不小的遗憾——他多年的得力助手居然在半年的时间里没能给他找到一个最优秀的关门弟子。助手非常惭愧。泪流满面地坐在病床前沉重地说：“我对不起您，让您失望了。”苏格拉底说：“失望的是我，对不起的却是你自己。本来最优秀的就是你自己，只是你不敢相信，才把自己给忽略、给耽误、给丢失了。其实，每个人都是最优秀的，差别就在于如何认识自己、如何发掘和重用自己。”话没说完，一代哲人就永远离开了他曾经深切关注着的这个世界。

这个故事告诉我们：每个人都是最优秀的，差别就在于如何认识自己、发掘和重用自己，对自己有没有信心。

5. 勤奋

江苏海院的二十世纪六十年代毕业生韩德昌在校时就刻苦钻研专业知

识，勤于技能训练；走上工作岗位后，先从加油工干起，干到机匠、三管轮、二管轮、大管轮、轮机长、总轮机长。一些船舶柴油机出了故障解决不了时，大家就请教韩总，有时韩总工作太忙，实在走不开，就让对方将机器启动，将螺丝刀搭在启动了的机器上，把电话耳机对准螺丝刀柄，从电话中他就能听出是何部位出了故障。按照韩总说的，将该部位打开检查，果真如此。韩总的高超技艺赢得了人们的尊重和敬佩。

当然，传统的“勤劳”致富程度有限，中国要在当今世界跻身于发达国家的行列，还必须“勤思”，提高智力技能，不断解决生产中的难题、技术上的更新。要多思考、勤练习，达到准确性、协调性、速度和技巧的有机统一。

6. 执着

墙壁上，一只虫子在艰难地往上爬，爬到了一大半，忽然跌落了下来。这是它又一次失败的记录。然而，过了一会儿，它又沿着墙壁，一步一步地往上爬。经过若干次努力，它终于爬到了目的地。

从这只虫子的身上我们就能得到这样的启示：虽然渺小，但只要执着、顽强，失败了不屈服，跌倒了从头干，我们就能成功。我们在向目标迈进的过程中，总会遇到挫折，在这时就不能气馁、退缩、自暴自弃，而应顽强执着，坚韧不拔，有条件要上，没有条件创造条件也要上。正如玛丽·居里所说：“生活对于任何一个男女都非易事，我们必须有坚韧不拔的精神。我们必须相信，我们对某一件事情有天赋的才能，并且，无论付出任何代价，都要把这件事完成。当事情结束的时候，你要能够问心无愧地说：我已经尽我所能了。近50年来，我致力于科学研究。而研究，基本上是对真理的探讨。后来我们就在那里发现了镭。”

幸福心语

垂下头颅，只是为了让思想扬起，你若有一个不屈的灵魂，脚下就会有一片坚实的土地。

宽容是心理健康不可缺少的“营养素”

中国自古以宽容为美德，故有“将军额头可跑马，宰相肚里能撑船”的说法。宽容是一种博大而深邃的胸怀，是人类的最高美德之一。宽容就是心理健康不可缺少的“营养素”。

要做到宽容，首先主要学会宽以待人，要有主动“让道”的精神。在与他人交往中，常常会因为对信息的意义理解不一，个性、脾气、爱好、要求的不同，价值观念的差异而产生矛盾或冲突。此时，我们就应记住一位作家的话：“航行中有一条规律可循，操纵灵敏的船应该给不太灵敏的船让道。”这就是人与人的关系中必须遵循的一条规律，应该尊重他人的意见，寻找共同立场，主动“让道”，而不应争先“抢道”。正所谓：“礼让三分，宽容待人，能确保安全，于己于人都有利。”

宽容不仅是一种社交的艺术，更是一种做人的态度和人格的涵养。人就这么一辈子，做人能做到豁达大度，便是一种人生境界。古今中外，大凡胸怀大志、目光高远的仁人志士，无不大度为怀；反之，鼠肚鸡肠，片言只语也耿耿于怀的人，没有一个能成就大事业，没有一个是有出息的人。郭沫若就是一个具有大度胸怀的人，他与鲁迅之间虽“曾用笔墨相讥”，但他在鲁迅逝世后却勇于挺身站出来捍卫鲁迅精神，同时对以前偶尔的闹孩子气和拌嘴，还深深自责。对此，他诚恳地表示：“鲁迅先生生前骂了我一辈子，先生死后，我却要恭维他一辈子。”其情可谓恭敬，其辞可谓感人。

我要讲一个有关“宽容”的真实故事。

我在市场上，看见一位从乡下来的经营土特产的妇女，态度和蔼，讲信用，时常挂在她嘴边的一句话就是：“经营信为本，买卖礼当先，信是摇钱树，礼是聚宝盆，人凭信用物凭秤。”是啊，做生意有三件宝，那就是“人好”“货好”“信誉好”。所以，这位妇女的摊位上的商品物美价廉，生意好极了。因此，一些同行便心生嫉妒了，经常有意把垃圾扔到她的摊位前。面对不期而至的垃圾，她只是笑笑，随后便将这些垃圾扫到了自己摊位旁边的角落里。

对此，有人问她：“人家把垃圾扔到你这边来，你为啥不生气？”她回道：“我能理解他们的心情，只要他们觉得这样做心里痛快，就由他们去吧！况且，在我们乡下过年时都会将垃圾往家里扫，垃圾越多，进财越多，现在每天都有人送财来，我怎么舍得拒绝呢？你们看，我的生意不是越做越好吗？”说来也怪，她越是宽容大度，扔过来的垃圾却逐渐地越来越少，到后来竟不再有垃圾了。这不正是宽容战胜了嫉妒吗？

以宽容的心态待人，就是一种既利人利己，又有益于社会的品质。宽容多一点，烦恼就会少一点。如果我们能爱心永存，真诚待人，宽容待人，就能尽可能多地赢得别人的好感、信赖和尊敬，就能更好地与周围人和睦相处，就能在人生旅途中顺利愉快地前行！法国19世纪文学大师雨果就说过一段很经典的话：“世界上最宽阔的是海洋，比海洋更宽阔的是天空，比天空更宽阔的是人的胸怀。”在竞争激烈的当下，我们每个人都应该把宽容作为人生的必修课，保持乐观向上的情绪。难道还有什么比快乐地享受美好生活更重要的吗？

1. 宽容就是忍让

在日常生活中，对于同事的批评、朋友的误解、邻里的非议、夫妻的反目、兄弟的争斗、婆媳的失和，做过多的争辩和反目实不足取。冷静、忍耐、谅解和退让才是最重要的，正所谓“让三分风平浪静，争一时影响和谐”，宽容就是人际关系的润滑油，它能减轻人际间的磕碰、摩擦和无谓消耗，化干戈为玉帛。所以，一定要明白这样的道理：忍耐不是软弱，而是理解人、有爱心的表现。

2. 宽容就是忘却

在人生的征途中，都可能有痛苦，有伤疤，动辄去揭，便会在旧痕上添新创，使旧痕新伤难愈合。忘记昨日的是非曲直，忘记以往他人对自己的排斥指责，也是宽容的表现。这种忘却就是一把解冰的火，一缕化冰的风，它能化解心头所有仇恨，给心灵带来一片明媚的阳光，抚平受伤的情感。当我们放眼明天，来日方长，学会了忘却，生活便会充满阳光，充满欢乐。而这就是古人常说的：“如烟往事俱忘却，心底无私天地宽。”

3. 宽容就是谅解

宽容是一种理解、体谅和尊重他人的豁达态度，当亲人、朋友、同事做了错事，亏了情，屈了理时，我们不妨将心比心，给他一个情面上的台阶，一次改错的机会，达到惩前毖后、治病救人的目的。诚心宽宥，比责罚更具有催人向上的鞭策力。宽容是春风，能把冰雪融化；宽容是熨斗，能把蜷缩的心胸抚平；宽容是一首赞歌，能使萎靡不振之人重新振作起来，意气风发地迈向明天。

4. 宽容就是包容

“人”字的结构是相互支撑的，同在一个天空下生存，人与人之间就像天空中的繁星，不是互相排斥，而是互相照耀的。与人共事要肝胆相照，善于包容和接纳所有的人，包括异己和对手。让别人发光，实际上是让自己收获更大的热量；给对手一个发展的空间，事实上就是激增自己的竞争活力。

5. 宽容是一种智慧，是人生的一门必修课

学会宽容，就是学会了尊重别人；理解宽容，就懂得了做人的道理；掌握宽容，就把握了待人处事的主动权；应用宽容，就能更好地善待自己，身心愉悦地生活。

幸福心语

人就这么一辈子，做人要豁达大度。古今中外，大凡胸怀大志、目光高远的仁人志士，无不大度为怀。

过程比结果更重要

不管是迎接挑战，还是把握机遇，都要求人们必须具有竞争和创新的意识。只有这样，才能激发个体和社会的活力。

然而，据有关部门调查，现在很多青年人身上都存在着不少问题，最明显、最大的问题就是青年人普遍存在着对自我竞争和创新意识与能力的

不满的现象。面对迅猛发展的时代大潮，他们虽然有着强烈的渴望成功的愿望，但缺乏把握机会的勇气和决心，在一次次机遇面前放弃尝试和努力，不战而败，为此既心有不甘，又无可奈何，常常自怨自艾、苦闷彷徨。分析这种导致不战而败的原因，大致就有以下几个方面。

1. 没有自信

有自卑心理、缺乏自信。由自卑而引起的忧愁、苦闷是一种沉重的精神压力，往往使人悲观失望，裹足不前，智力水平受到影响，压抑自己的才华。生活中几乎人人都会遇到挫折和失败，都会发现自己有不如别人的地方，都会有自卑的情绪体验。其实这并不可怕，可怕的是这种情绪泛化并长期存在下去，就会形成一种自卑性格，导致不战而败，终生将一事无成。

首先，他们在如何对待失败、挫折问题上存在认识误区。实际上自卑感的产生不是来自事实或经验，而是来自我们对事实的结论和对经验的评价。世界上没有两片树叶长得完全一样，一个标准的人其实是不存在的。我们每个人都是独一无二的，都有着自己的优点和不足。因此，自卑者要想改变自己，就要走出这些认识上的误区。要恢复对自己的自信，即要客观分析自己，如同照镜子一样，不应总是盯着自己的缺点不放，同时还要练习用欣赏的眼光来发现自己的优点。因为一个人往往不是没有优点，而是缺少自我发现。当我们发现自己的优点，看到自身的价值时，自信也就回来了。

其次，有了自信，还要有意识地锻炼勇气。如果说自信不是不顾事实地盲目相信，那么勇气就是不顾后果地执行。因为，大多数情况下任何事情的成功率不可能是百分之百，多多少少会带有风险，因而就需要我们有尝试的勇气。所以说，勇气并不只是用在危急情况下，生活中，为了提高生活质量，同样需要一种不怕失败勇往直前的精神。

2. 有惰性

较强的惰性心理是造成不战而败的另一个重要原因。我们经常说超越自己比超越别人更不容易。这一方面是说对极限的超越，包括对生理极限和心理极限的超越是困难的，另一方面是说对普遍存在的惰性心理的超越也是困难的。惰性心理是一种缺乏进取精神、缺乏毅力、顺应本能、贪图安逸的一种消极心理状态。这种心态是人生成功的一大障碍，因为任何成功都不是一蹴而就的，需要克服惰性这种本能，如果不是靠精神力量，如价值感、责任感等来支撑的话，人就会很自然地顺应了这种本能，而无法逾越。此时，即使有再宏伟的计划、再完美的设计，也只能永远停留在蓝图上，成为美好的幻想。

克服惰性心理的方法首先就是建立自我激励机制。内因是变化的根据，外因是变化的条件。克服惰性心理的关键就是要一个人从内心深处产生积极进取的动力。这一动力就来源于一个人责任感和价值感的确定。人始终是一个社会的存在物，需要扮演好自己的社会角色，承担起自己的社会责任。一个人既要对自我负责，同时也要对社会负责。因而，责任感的确立是一个人成熟的重要标志，也是一个人努力奋斗的内在动力。根据自己承担的社会角色，每个人会自觉去确定和追求自我价值目标。其实人天生就是一个追求目标的机器，如果有一个值得努力奋斗、努力追求的目标，就会感到人生很有意义、很充实，否则就会原地徘徊，觉得很空虚、很无聊，甚至很压抑、很苦闷。

其次，还要有一种坚韧不拔的毅力。爱因斯坦曾说："优秀的性格和钢铁般的意志比智慧和博学更为重要。"是的，在我们变理想为现实的过程中，光靠充沛的精力和满腔热情还不够，还要有坚强的毅力。因为，对青年人来说，立志是前提，成才是目的，拼搏是基础，三者缺一不可。有成才愿望而无拼搏毅力，成才只是一句空话。因此，青年人注意自我毅力训练，提高毅力水平十分重要。

3. 过于追求完美

追求完美的心理是造成不战而败的又一原因。俗话说“人无完人，金无足赤”，每一个人都会有不足，都可能会遇到失败和挫折，因此，提高心理承受能力非常有必要。对此，有些青年能够适应环境的变化，重新客观评价自我，重新定位，敢于尝试，不怕失败。而有的青年则不能，他们追求的是百分之百的成功，不能承受失败，于是在许多自我锻炼的机会面前选择了逃避。虽然他们也意识到，这样将永远不会享受到成功的快乐，但起码也不会有失败的难堪，不会影响到自己的形象。正是这种追求完美的心理使他们放弃了一次次锻炼提高的机会。

4. 存在投机心理

投机心理也是造成不战而败的原因之一。生活中，有些人不想通过艰苦努力来取得成功，总是想走捷径，等待成功机会的突然降临。如同守株待兔中的人等待兔子上门送死一样，他们的眼睛没有盯在踏踏实实干事儿上，而是盯在寻找捷径上。因此，虽然内心渴望成功，渴望他人的认可，但由于缺少勤勤恳恳的学习、工作精神，因而在一次又一次的机会面前，最终不战而败。

纵观历史，成就大事业者都是踏踏实实、勤勤恳恳做事的人，都需要付出超出常人几倍的心血和汗水。正如爱迪生所说：“天才 = 1% 的灵感 + 99% 的汗水。”总把成功寄托在走捷径上，而不是踏路实实去埋头苦干的人，恐怕一生都只能是成功的守望者。

然而，无论是哪种原因导致的不战而败，最终都可归结为是走入了人生的一种观念误区。20 世纪 30 年代，文化名人傅东华先生在一篇题为

《山核桃》的文中曾写道："人生是一个过程，而不是一个目的。唯其不懂得这个原则，所以多数人为着妄想去达到他们所假定的目标，以致他们的一生大部分成了空白。"老先生要告诉我们的就是：在我们追求目标的过程中，目标的实现和追求目标的过程具有同等重要的意义，绝不可以只重结果而忽略了过程本身的价值。

过分重视结果的成与败，必然会成为我们行动的障碍。而事实上，正是由于有了追求目标的过程，才可能导致目标实现的结果。从这一点上看，追求目标的过程较之结果更为重要。由此看来，在机遇面前，放弃尝试和努力，不战而败是人生最大的遗憾。我们应该充分发挥主体的积极性，时刻具有创造意识，迎难而上。

幸福心语

纵观历史，成就大事业者都是踏踏实实、勤勤恳恳做事的人，都需要付出超出常人几倍的心血和汗水。

是否关注未来反映出许多问题

很多人都羡慕既无远虑、又无近忧、妻贤子孝、经济宽裕、工作顺利的人。然而，我们看到的这些人并未因此而感到幸福。

有记者曾进行调查发现，我们眼中的这些幸福人常常对什么事情都提不起精神；遇事这样处理也可以，那样处理也行；有时感觉自己像是笼中困兽，找不到出口，看看平坦的前途，知道自己未来是个什么样子；也许生活一成不变，突然觉得了无生趣。

为什么会这样呢？孔子说："人无远虑，必有近忧。"人生之路既漫长又短暂。从某种意义说，成长的过程很漫长，自毁的过程很短暂。走一程，不妨回头看一看，总结一下，这对自己、对事业都是一个交代。对于这一点，其具体要求有以下几点：

1. 要看远

看远之所以重要，是因为没有远见必犯错误。看远，既是目标，也是过程，更是境界。目标牵引成长，过程充盈。

爱若和布若差不多同时受雇于一家超级市场，开始时大家都一样，从最底层干起。可不久爱若受到总经理的青睐，一再被提升，从领班直到部门经理。布若却像被遗忘了一般，还在最底层混。终于有一天布若忍无可忍，向总经理提出辞呈，并痛斥总经理没有眼光，辛勤工作的人不提拔，倒提拔那些吹牛拍马的人。

总经理耐心地听着，他了解这个小伙子，工作肯吃苦，但似乎缺了点儿什么，缺什么呢？三言两语说不清楚，说清楚了他也不服，看来……他忽然有了个主意。

"布若先生，"总经理说，"您马上到集市上去，看看今天有什么卖的。"

布若很快从集市上回来说，刚才集市上只有一个农民拉了车土豆在卖。

"一车大约有多少袋，多少斤？"总经理问。

布若又跑去，回来后说有40袋。

"价格是多少？"布若再次跑到集上。

总经理望着跑得气喘吁吁的他说："请休息一会儿吧，看看爱若是怎么做的。"说完叫来爱若对他说："爱若先生，您马上到集市上去，看看今天有什么卖的。"

爱若很快从集市上回来了，汇报说到现在为止只有一个农民在卖土豆，有40袋，价格适中，质量很好，他带回几个让总经理看。这个农民一会还将弄几箱西红柿上市，据他看价格还公道，可以进一些货。想这种价格的西红柿总经理大约会要，所以他不仅带回来几个西红柿作样品，而且把那个农民也带来了，他现在正在外面等话呢。

总经理看了一眼红了脸的布若，说："请他进来。"

人无远虑，必有近忧，凡事看长远，看未来的发展势头，才能做到知己知彼，做好下一步的打算。

2. 要看淡

这个世界有太多的诱惑，因此有太多的欲望满足不了的痛苦。一个人要以清醒的心智和从容的步履走过岁月，他的精神中必定不能缺少淡泊。否则，他不是活得太忧郁，就是活得太无聊。看淡，不是不求进取，不是无所作为，不是没有追求，而是以一种纯美的灵魂对待生活和人生。正所谓："不以物喜，不以己悲。"让我们的心境离尘嚣远一点，离自然近一点，淡泊就在其中。

刘永行1993年在上海投入500万元建了一个饲料厂，经营状况一直非常良好。但是到了1996年下半年，由于市场出现疲软，在原料价格居高不下的情况下，这个饲料厂的经理为了降低产品成本，擅自修改配方，导致饲料质量出现滑坡。

刚开始的一段时间，不知情的消费者继续购买希望饲料。这位经理还因为赚到更多的利润而沾沾自喜。但几个月后，市场出现了报复效应。上海公司的饲料销量从1万吨一下跌到1000多吨，而且影响到附近几个公司，使整个希望集团陷入了危机。

刘永行得知这个情况后十分气愤，他立刻在集团内部召开了会议，提出用真实行动向农民谢罪，拿出3000万元来，把不该赚的钱还给消费者，又迅速收回了所有在市场上的不合格产品。接着，他又召开新闻发布会，开诚布公，诚恳地为“希望”的诚信危机道歉。

为了弥补受损的商誉，刘永行亲自来到浙江、江苏、安徽等地，拜访客户，听取意见。此后，他针对企业形象受损的内容和程度，重点开展弥补形象缺陷的活动，密切保持与公众的联系和交往，拿出质量过硬的产品和一流的服务公之于市。

刘永行的一系列举措从根本上改变了公众对“希望”的不信任，赢得了消费者的理解和支持。通过半年的努力，消费者重新认可了“希望”，产品销量稳步回升。

3. 要看透

看透，方能超越自我，完善自我。看透，方能大可利国，小可保身。

据说乾隆皇帝当年巡察江南时，看到江面上千帆竞渡，不禁好奇地问左右：“江上熙来攘往者为何？”陪伴一旁的大学士纪晓岚随口答道：“无非为名、利二字。”可谓一语道破天机，看透人生奥秘。

正确的追名求利，有助于开发人智，推动社会前进。超出社会道德规范和法纪约束，不择手段地追求名利，无疑等于自掘坟墓。天空如洗，远山如黛。世界是那样明朗，又是那样幽玄。凡事向远处看，深谋远虑方能成就大事，只顾眼前、鼠目寸光的人是不会有所成就的。

幸福心语

从某种意义说，成长的过程很漫长，自毁的过程很短暂。走一程，不妨回头看一看，总结一下，这对自己、对事业都是一个交代。

灵性是天赋，更是一种观念

有些人的灵性好像是与生俱来的，带一点神秘的气息。

人的躯体是肉做的，不能锤打，不能火烧水淬。可是人的灵性良心，愈炼愈强。灵性良心在管制自己的时候，得宽容，允许身心和谐；克制自己时，当恰如其分。

孔子曰："礼者，理也。""理从宜。"这就是说，"礼"指合理、合适。礼"以治人之情"。喜、怒、哀、惧、爱、恶、欲，是人的感情，都由肉体的欲念而来，需用合理、合适的方法来控制。这就要求"达天道，顺人情"。肉体的基本要求不能压抑，要给予合适的满足。这个适度，就是"理"和"宜"。

在《论语·颜渊问仁》中，孔子说："克己复礼为仁。"颜渊回问道："请问其目。"孔子说："非礼勿视，非礼勿听，非礼勿言，非礼勿动。"这里的"礼"，就不是烦琐的礼节，而是指灵性良知所追求的"应该"，也就是《礼记》所说的"理"和"宜"。

人必须修身，而修身需用既合适又和悦的方法。灵性是人的天赋，更是一种观念。有灵性的人未必能成就大业；灵性稍差的人也未必不能取得成功。

大家都读过王安石写的方仲永的故事：

金溪方家，世代以耕田为业。方仲永长到五岁，还不曾认识书写工具，有一天忽然哭着要这些东西。父亲对此感到诧异，便借邻居的书写工具给他，仲永立即写了四句诗，并题上了自己的名字。这首诗以赡养父母、团结同一宗族的人为内容，家人将诗传送给全乡的秀才观赏。从此，指定物品让他作诗，他都能立刻完成，诗的文采和道理都有值得一看的地方。

同县的人对此感到惊奇，渐渐地请他父亲去做客，有的人还花钱求仲永题诗。他的父亲认为这有利可图，每天拉着仲永四处拜访同县的人，不让他学习。

这件事过了很久，到明道年间，当人们再次见到方仲永，这时他已经十二三岁了，再叫他写诗，便已经不能与从前的名声相提并论了。就这样，又过了七年，再见到方仲永，人们发现他的才能已经完全消失，俨然是普通人了。

王安石曾说："仲永的通达聪慧是先天得到的。他的天资比一般有才能的人高得多。他最终成为一个平凡的人，正是因为他没有受到后天的教育。像他那样天生聪明，如此有才智的人，没有受到后天的教育，尚且要成为平凡的人；那么，现在那些不是天生聪明，本来就平凡的人，又不接受后天的教育，想成为一个平常的人恐怕都不能够吧！"所以说，人生最大的财富不是灵性，而是后天的努力。

古语云："天行健，君子当自强不息。"要做生活的强者，要成为工作上的强者，就必须有争强的锐气、好胜的雄心，因为只有争强者才能吃别人不愿吃的苦，花别人不愿花的时间，用别人不愿用的工夫。只要自己不甘平庸，就得奋发努力，就要懂得"吃得苦中苦，方为人上人"。

自古至今，人们都清楚，一个人有"志"或无"志"存在着极大的区别和不同的结果。不可否认，"志"属于精神上的东西。我们反对"精神万能论"，但却不能否认"精神"在物质世界的作用，有时是特别重要的作用。正所谓"有志者，事竟成"，这句人人皆知而且"历史久远"的话，就有不少人把它作为自己的座右铭，以鼓励、鞭策自己，使自己在"修身、齐家、治国、平天下"等方面取得成功。可以肯定地说，无"志"的人不会成功，即使一时成功了也不会坚持下去。可以说，"有志者，事竟成”是千古不变的真理。

孔夫子就说得十分明确：“十而有五志于学，三十而立，四十而不惑……”一个人，长到十五岁立志发奋学习，学业有成而后才能“立身”“不惑”……不少人只记住了后几句，而把关键的第一句忘掉了；忘掉了第一句，也就忘掉了关键的一个字——“志”。当然，这其中也有一个由于随年岁增长，接触社会时间多了，知识也会增加，处理问题的能力有所提高的问题。

回顾历史，查阅档案，有哪一个成功者不是“闯”出来，“干”出来的。而这“闯”这“干”正是建立在“志”的基础之上的。不管是先贤所说或是事实证明，任何一个人如若不立志，学习、干事业必是一事无成。而只有立志发奋，立志拼搏，才能做生活的强者，才能获得成功。

幸福心语

“强行者有志”，取得一份成绩必须有“志”，干成一番事业更要重“志”。可以肯定地说，无“志”的人不会成功，即使一时成功了也不会坚持下去。“有志者，事竟成”，是千古不变的真理。

第六章

幸福重建的渠道

美丽描绘外在的风景，幸福来自内在的光明。

请做回那个雀跃的孩子，相信天真，用一颗善感朴素的心，去感知世界的奥妙神奇。

请做好那个沧桑的游子，修炼美好，用一首善良动人的歌，去演绎全新的生命律动。

让自己不再忧伤，让他人不再疼痛。走慢一些，岁月静好。

在被关注中形成心理习惯

一般来说，谁都希望得到别人的关注。得到别人肯定时，总是快乐的；遭到别人否定时，多是不快的。这是人之常情。

人是不能没有赞许的。赞许作为外界的一种肯定性反馈，对人的情绪起到振奋作用，也是人的心理平衡的一个重要因素。别人的赞许和肯定可以让我们得到安全感、归属感、价值感、尊严感，我们会因这些需要的满足而快乐。

卡耐基9岁时，父亲把继母娶进家门。当时他们还是居住在乡下的贫苦人家，而继母则来自富有的家庭。父亲向继母介绍卡耐基："亲爱的，希望你注意这个全郡最坏的男孩，而他已经让我无可奈何。说不定明天早晨以前，他就会拿石头扔你，或者做出你完全想不到的坏事。"

继母微笑着走到卡耐基面前，托起他的头认真地看着，然后说："你错了，他不是全郡最坏的男孩，而是全郡最聪明、最有创造力的男孩。"以前，没有一个人称赞过卡耐基。就是这句话，卡耐基和继母建立了友谊；也就是这句话，激励着卡耐基的一生，使他日后创造了成功的28项黄金法则，帮助千千万万的普通人走上成功和致富的道路。

来自继母的这股力量，激发了卡耐基的想象力，激励了他的创造力，帮助他和无穷的智慧发生联系，使他成为美国的富豪和著名作家，成为20世纪最有影响力的人物之一。

每个人都需要被赞美，每个人都喜欢被赞美，并从赞美中获取能量和动力。赞扬就像是照在人们心灵上的阳光，没有阳光，我们就无法发育和成长。然而，我们有许多人动辄向他人吹批评的冷风，可是却吝于向同伴说几句阳光一样温暖的赞扬之语。

还有一些人虽然也希望得到领导的重视、朋友的信任，然而他们非常不习惯被别人关注。有时候有好的建议和意见，想要提出来却又怕当众说话，怕引起别人关注，只好作罢。这部分人往往都是埋头实干、默默无闻的人。“酒香不怕巷子深”的年代早已过去，现代社会信息瞬息万变，如果自己不把自己推销出去，坐等伯乐的话，恐怕只会抱憾终生了。

是金子就要发光，是人才就不要怕被关注，关注你的人越多，欣赏你的人才会多。所以，我们要时刻锻炼自己被关注的勇气，在被关注中养成不怕吸引众人目光的习惯。

幸福心语

人是不能没有赞许的。赞许作为外界的一种肯定性反馈，对人的情绪起到振奋作用，也是人的心理平衡的一个重要因素。

树立起一定的权威感

在日常生活和工作当中，我们要大胆质疑权威，只要是能够证明原有的权威是不合理的，就要善于重塑权威。

如今，大多数80后都有独特的价值观、人生观，具有崇尚自由、不喜欢受约束、富有创造性、对新事物充满兴趣、情绪化倾向较强、善于接受新知识、对自我充满信心、不相信权威、敢于挑战自己等人格特质。这就是我们常说的我们相信权威，但不盲从权威。这都是好事，但是我们不能只注重自由，而不重视权威的重要性。

乔尔丹诺·布鲁诺出生于意大利那不勒斯附近的诺拉镇。他幼年父母双亡，靠神甫们收养长大。这个穷孩子自幼好学，15岁时当了多米尼修道院的修道士，凭着顽强自学的精神，他终于成为知识渊博的学者。

这位勤奋好学、大胆而勇敢的青年人，一接触到哥白尼的《天体运行论》，就立刻被激起了火一般的热情。从此，他便摒弃宗教思想，只承认科学真理，并为之奋斗终生。

布鲁诺信奉哥白尼学说，所以成了宗教的叛逆，被指控为异教徒并革除教籍。

1576年，年仅28岁的布鲁诺不得不逃出修道院，并且长期漂流在瑞士、法国、英国和德国等国家，他四海为家，在日内瓦、图卢兹、巴黎、伦敦、维登堡和其他许多城市都居住过。尽管如此，布鲁诺仍然始终不渝地宣传科学真理。他到处作报告、写文章，还时常地出席一些大学的辩论会，用他的笔和舌毫无畏惧地积极颂扬哥白尼学说，无情地抨击官方经院哲学的陈腐教条。

布鲁诺的专业不是天文学也不是数学，但他却以超人的预见大大丰富和发展了哥白尼学说。他在《论无限、宇宙及世界》一书中就提出了宇宙无限的思想，他认为宇宙是统一的、物质的、无限的和永恒的，在太阳系以后还有无以数计的天体世界，人类所看到的只是无限宇宙中极为渺小的一部分，地球只不过是无限宇宙中一粒小小的尘埃。

布鲁诺还指出，千千万万颗恒星都是如同太阳那样巨大而炽热的星辰，这些星辰都以巨快的速度向四面八方疾驰不息。它们的周围也有许多像我们地球这样的行星，行星周围又有许多卫星。生命不仅在我们的地球上有，也可能存在于那些人们看不到的遥远的行星上……

布鲁诺以勇敢的一击，将束缚人们思想达几千年之久的“球壳”捣得粉碎。布鲁诺的卓越思想使与他同时代的人感到茫然，为之惊愕！一般人认为布鲁诺的思想简直是“骇人听闻”，甚至连那个时代被尊为“天空立法者”的天文学家开普勒也无法接受，开普勒在阅读布鲁诺的著作时感到一阵阵头晕目眩！

布鲁诺在天主教会的眼里，是极端有害的“异端”和十恶不赦的敌人。他们施展狡诈的阴谋诡计，以收买布鲁诺的朋友，将布鲁诺诱骗回国，并于1592年5月23日逮捕了他，把他囚禁在宗教判所的监狱里，接连不断地审讯和折磨竟达8年之久！

由于布鲁诺是一位声望很高的学者，所以天主教企图迫使他当众悔悟，声名狼藉，但他们万万没有想到，一切的恐吓、威胁、利诱都丝毫没有动摇布鲁诺相信真理的信念。

天主教会的人们绝望了，他们凶相毕露，建议当局将布鲁诺活活烧死。布鲁诺似乎早已料到，当他听完宣判后，面不改色地对这伙凶残的刽子手轻蔑地说：“你们宣读判决时的恐惧心理，比我走向火堆还要大得多。”

1600年2月17日，布鲁诺在罗马的百花广场上英勇就义了。

由于布鲁诺不遗余力的大力宣传，哥白尼学说传遍了整个欧洲。天主教会深深知道这种科学对他们是莫大的威胁，于是1619年罗马天主教会议决定将《天体运动论》列为禁书，不准宣传哥白尼的学说。

布鲁诺不畏火刑，坚定不屈地同教会、神学做斗争，为科学的发展做出了贡献。他的科学精神永存！1889年，人们在布鲁诺殉难的鲜花广场上竖起他的铜像，永远纪念这位为科学献身的勇士。

布鲁诺就是权威的卫道士，现实生活中，我们也应该有维护权威的意

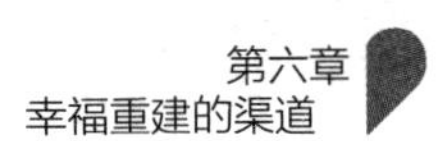

识。为了权威，为了真理，不惜牺牲一切。

幸福心语

现实生活中，我们也应该有维护权威的意识。为了权威，为了真理，不惜牺牲一切。

和睦的人际关系是积极心理的土壤

古今中外，人们都一直把实现社会的平等、安定、和谐作为美好的追求。

在西方思想史上，从古希腊哲学家毕达哥拉斯的整个天是一个和谐的、柏拉图的理想国，到空想社会主义者傅立叶的全世界和谐，都反映了人们对和谐美好社会的憧憬。

在中国传统文化中，“和”字最早见之于金文，有关“和谐”的思想源远流长。诸子百家争论不休，但对“和谐”却都心向往之。从中国先秦思想家孔子的“和为贵”“和而不同”，到墨子的“兼相爱”“爱无差”等，都表达了社会和谐的主张。

“和谐”是中国哲学和中国传统文化的中心和主题之一，也是我国传统文化的精髓与核心概念。在今天构建社会主义和谐社会的时代背景下，和谐的人际关系就是我们追求的目标之一。和谐的人际关系就是指人们在相互交往的过程中，通过团结友爱，相互帮助，在适度冲突的条件下，通过调节和改善，形成的平衡发展的情感关系。

健康的人际关系能够消除人们沟通的障碍，使人们相互之间建立信任。生活在和谐的人际关系中的人必然心态积极，不怕困难，容易成功。

那么，如何才能营造和谐的人际关系呢？

1. 平等待人

在人际交往中，平等是人与人之间建立情感的基础，是建立良好人际关系的前提，也是构建和谐人际关系应遵循的基本原则。在与不同的人交往时应该平等相待，做到一视同仁，不能因为家庭、经历、特长、经济等方面的原因而对人“另眼相看”，也不能因为学习成绩、社交能力等方面存在差异而看不起别人。

遵循平等原则是构建和谐人际关系的一大准则。人们都希望自己的人格与他人平等，都希望更多地以平等的身份获取与自己有关的信息。与人交往，只有以平等的姿态出现，不盛气凌人，不高人一等，给予他人充分的尊重，才有可能形成人与人之间的心理相容，产生愉悦、满足的心境，建立和谐的人际关系。只有处于平等、自由的人际情境中，人们才能真正达到自我控制，获得充分安全感的目的。

2. 宽容他人

宽容就是心胸宽广，忍耐性强，能设身处地地为别人着想，能够最大限度地理解别人，对非原则性的问题不斤斤计较，能够以德报怨。

宽容是最美丽的一种情感表现，是一种良好的心态，也是一种崇高的思想境界，是和谐人际交往必不可少的要素。多一点对别人的宽容，我们就多一些朋友，少一些对手。人在社会交往过程中吃亏、被误解、受委屈总是不可避免的，面对这些情况，最明智的选择就是宽容。

当前社会是一个多元化社会，人们的思维方式、行为习惯总会有所不同，所以，人际交往过程中的摩擦和冲突就在所难免。在这种情况下，我们就要坚持宽容大度的原则，和他人友好和睦地相处，在人际交往的过程中宽容、体谅对方，允许每个人保持个性，尽量宽恕别人，得饶人处且饶人。只有这样才能被他人所接纳和信任，从而建立起和谐的人际关系。

人与人要进行沟通，理解是最好的桥梁。人们在沟通过程中相互理解，彼此的防备心理才会有所降低，才能沟通顺畅，沟通效果才能更好，才能营造出和谐的沟通环境。只有相互理解，人与人之间才能有情感上的共鸣，在沟通过程中才能越走越近。只有相互理解，人与人之间才能真正做到心与心的交流，达到良好的沟通效果。只有相互理解，人与人之间才能够在交往过程中增进感情，拉近彼此之间的距离，使得以后的交往更加顺利。

相互理解就是人与人之间友好相处的前提，更是人际交往取得良好效果的最佳方式。如果不能相互理解，不能体谅对方，那么交流只能限于表面，很难深入进行，自然也不利于建立和谐的人际关系。

3. 诚实守信

孟子说："至诚而不动者，未之有也；不诚，未有能动者也。"讲诚信的人，处处受欢迎；不讲诚信的人，人们会忽视他的存在。

诚信是为人之道，是立身处事之本。中华民族的优良传统美德之一就是诚信。孔子早在几千年前就认为"民无信不立"。这就是说，如果人民不信任统治者，那么国家政权也就站不住脚了。

千百年来，诚实守信都是中华民族自身行为的规范和道德修养，保持诚实守信的美德，以诚待人就能取信于他人。我们在发展人际关系时也应该坚持诚实守信的原则。在人与人交往的过程中，把诚实守信的人格素养作为人际交往的基础和前提，在相互信任、相互尊重和相互理解的基础上构建和谐的人际关系。

人离不开交往，交往离不开诚信。保持诚信美德，以诚信待人，就是获取信用、取信于人的积极方法，有交往就会有诚信问题，没有交往就无所谓诚信。如今的市场经济就是典型的信用经济，所讲究的就是真诚和信用，所以在市场经济中一定要做到诚信，只有“言必信，行必果”，才能既赢得他人的友情，又使人际关系向着健康和谐的方向发展。

4. 团结互助

团结互助是社会中人与人之间相互关系的基本特征，它可使人与人之间建立起互相团结、互相帮助、互相关心的关系，是人类历史上最进步、最高尚的道德关系。

团结互助的目的就是把各种力量组织起来，拧成一股绳，增强人与人之间的凝聚力，避免和消除人与人之间的摩擦和隔阂，营造出和谐的沟通环境，拉近人们之间的距离，使人们在交往过程中为实现共同的利益和目标，互相帮助、互相支持、团结协作、共同发展而形成和谐的人际关系。

互惠互利就是指人们在交往中考虑双方的共同价值和共同利益，满足共同的心理需要，使双方在交往中能得到实惠和“好处”。因此，确切地说应该是“互利”。这就是社会公平原则在人际关系上的一个具体体现。相互补偿、相互满足是人际交往活动的基本动机。没有需求上的相互满足和相互补取就不可能有成功的交际。

成功的人际关系就是一种互利关系，反映了个人与个人之间在根本利益一致基础上的利益差别，是一种新型的人际关系。在关系双方存在共同利益、愿望和需要的基础上，倡导社会成员在追求自身利益的同时，增进社会利益，加快构建和谐社会的进程。而在人际交往中遵循平等、宽容、诚实守信、团结互助的原则，就能满足构建和谐社会人际关系的需要，同时发挥人际关系对于创建和谐社会环境的积极促进作用，从而维护社会稳

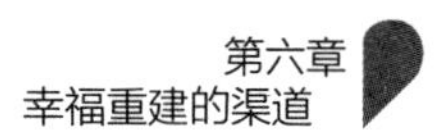

定和促进社会进步。

幸福心语

和谐的人际关系是指人们在相互交往的过程中，通过团结友爱，相互帮助，在适度冲突的条件下，通过调节和改善，形成的平衡发展的情感关系。

言语技巧——激励性和杀伤力

虽然《诗经》里面有“匪面命之，言提其耳”的话，但真要被拎着耳朵挨训，无论是大人还是小孩都会感到不爽。所以古人有言：“与人善言，暖于布帛。”这就是说，人要讲究些说话的艺术。

“触龙说赵太后”“邹忌讽齐王纳谏”都是讲究说话艺术的范例，也是尽人皆知的故事。在这里，有一个关于优旃讽谏秦二世的故事就不见得大家能够知晓，所以有必要和大家分享一下。关于这件事，在《史记·滑稽列传》中是这样记述的：

“二世立，又欲漆其城。优旃曰：‘善。主上虽无言，臣固将请之。漆城虽于百姓愁费，然佳哉！漆城荡荡，寇来不能上。即欲就之，易为漆耳，顾难为荫室。’于是二世笑之，以其故止。”

对于秦二世这个人我们大家都知道，他是残虐无道的皇帝，由此也可以看出优旃此时可不是为了笑谈。优旃能以卑贱的身份而委曲进言，阻止秦二世干出油漆城墙的傻事来，其说话的艺术就不下于触龙与邹忌。

不过，他们都是封建社会中臣下对君主的进言，不得不说得委婉曲折，甚至带着几分阿谀，使今天的人读来总有些不舒服。这种被称为“主文而谲谏”的说话艺术更不是我们今天所要提倡的。但是，说话要看对象，要使听话的人乐于接受，却是古今一样的。

我们生活在社会的当中，天天都要与人交往，与人说话。这就要讲究说话的艺术。话要说得既有激励性，又要具有杀伤力，让人在欣然接受的同时，引起深深的思考。

在历史上说话具有艺术性的人物不在少数。战国时期的思想家庄周在当时虽是一位漆园小吏，但他的一部《庄子》却气势纵横，辞藻华瞻，汪洋恣肆，妙趣横生，充满了谬悠之说、荒唐之言、无端崖之辞。他似乎一点也不想向人灌输什么观点，其实却一点也没有离开他所要传播的哲理，使人在不知不觉中接受了他的观点和思想。

同样，再棘手的问题到苏东坡手里都会显得那么举重若轻。

在当时，王安石是宋代著名的改革家，苏东坡则是他政治上的反对派。这里面的是是非非就不足以一语概之，但王安石在治学方面确有其因求标新而失于偏执之处。在他的著作《字说》中，就有“波者，水之皮”之说，可见这是一种望文生义之说，是人们不足以为训。可苏东坡对此并未引经据典地去纠谬，只是看似轻描淡写地说道：“那么，‘滑’便应当是水之骨了。”

苏东坡没有想把自己的观点强加于人，甚至连自己的结论都没有说出，但他所举的事实，已把人引到了结论的门口，稍一动脑，便会发出会心的一笑。这就是很高明的说话艺术。

人们自愿接受某种观点时心情是愉快的，一旦觉有强迫，便不免生出反感。人们从事实中自己得出结论时，心情才是兴奋的，一旦觉有灌输，便不免兴味索然。因此，高明的说话艺术，不露痕迹地把人引导到结论的门口，这便是言语的技巧。

幸福心语

古人有言“与人善言，暖于布帛”，这就是说人要讲究些说话的艺术。

信任的力量

信任的力量是伟大的，朋友间的真诚和信任可以感动他人。

相传在公元前4世纪时，意大利人皮司触犯了暴君，被判处绞刑。皮司想在受刑前回家与老父老母诀别，却得不到暴君的同意。后来，皮司的朋友达蒙挺身而出为他担保，承诺如果皮司违约，自己可代其受刑，暴君才勉强应允。

由于路途遥远，皮司未能如期赶回，于是达蒙被带上了绞刑架，准备受刑。就在行刑官要发出行刑命令时，只见皮司在暴雨中飞奔而来，换下了达蒙，并与之诀别，所有的人都被皮司和达蒙的友谊和信任感动得热泪盈眶，连暴君也回心转意，免去皮司死刑。信任，挽救了一个人的生命。

信任能够带给人希望和信心。信任的力量是伟大的，有时候甚至能够改变战争胜负的结局。

1799年，在俄军远征意大利的一次战役中，一支由新兵组成的团队，在法军的猛烈冲击下支撑不住，纷纷溃逃，一时战场形势急剧恶化。俄军统帅苏沃洛夫见此情景，急忙策马跑到逃跑的士兵跟前，奇怪的是他既没有斥责威胁他们，也没有进行说服和鼓动，而是一边和他们跑，一边喊道："年轻的好汉们，小伙子们，把敌人引过来，引过来。"这充满信任之情的话语使沮丧的士兵们大出意外，惊恐的心理也随即稳定下来，每个人都觉得自己仿佛是正在执行一项特殊任务。

这时，苏沃洛夫突然调转马头，大声命令："而现在，向后转，前进!"方才还失魂落魄的士兵，此时此刻却像猛虎一样向敌人扑去，俄军转败为胜。

为什么士兵们的心理状态转瞬间会发生如此急剧的变化？其实这中间并不存在什么神奇的法术，只不过是苏沃洛夫针对战场上新兵的心理变化、特点，巧妙地运用信任的火种，点燃了他们自信心的火焰，使得这支由新兵组成的团队迅速克服了沮丧和恐惧心理。

被信任的感觉是美好的，并且在很多时候，信任的力量足以改变一个人的一生。

有一个年轻人，好不容易找到了一份销售工作，勤勤恳恳干了大半年，非但毫无起色，反而在几个大项目上接连失败。而他的同事，个个都干出了成绩。他实在忍受不了这种痛苦。

在总经理办公室，他惭愧地说，自己可能不适合这份工作。"安心工作吧，我会给你足够的时间，直到你成功为止。到那时，你再要走我不留你。"老总的宽容让年轻人很感动。他想，总应该做出一两件像样的事来再走。于是，他在后来的工作中多了一些冷静和思考。

过了一年，年轻人又走进了老总的办公室。不过，这一次他是轻松的，他已经连续七个月在公司销售排行榜中高居榜首，成了当之无愧的业务骨干。原来，这份工作是那么适合他！他想知道，当初，老总为什么会将一个败军之将继续留用呢？

"因为，我比你更不甘心。"老总的回答完全出乎年轻人的预料。

老总解释道："记得当初招聘时，公司收下 100 多份应聘材料，我面试了 20 多人，最后却只录用了你一个。如果接受你的辞职，我无疑是非常失败的。我深信，既然你能在应聘时得到我的认可，也一定有能力在工作中得到客户的认可，你缺少的只是机会和时间。与其说我对你仍有信心，倒不如说我对自己仍有信心。我相信我没有用错人。”

从这位老总那里，我们能够学到什么，就是要懂得只要给别人以宽容，给自己以信心，就能成就一个全新的局面。

幸福心语

被人信任的感觉是美好的，并且在很多时候，信任的力量足以改变一个人的一生。只要给别人以宽容，给自己以信心，就能成就一个全新的局面。

客观环境以及心理环境

环境会对人的心理产生影响，而心理则影响着人的一切活动。因此，环境变化也会引起人们事业成就的变化。

塔·布克是瑞士的一位钟表制造大师，1536 年因反对罗马教廷的刻板教规而被捕入狱。在监狱里，他无论如何也制造不出日误差低于 0.1 秒的钟表，可入狱前他制造的钟表误差可低于 0.01 秒。最终，他发现一个钟表匠在情绪不好的状态下，要想圆满完成钟表的 1200 道工序是不可能的。他由此预言，埃及恢宏的金字塔建筑得如此精细，各个石块之间连薄薄的刀片都插不进去，建造者必定是一批怀有虔诚之心的自由人。2003 年，埃及文物部门经考察后宣布，金字塔是由当地具有自由身份的农民手工业者建造的，而非过去所说的由30万奴隶所建。

环境影响人的创造力，最终影响到产品。如果企业能营造这样一种工作氛围——让每个职工的努力能够得到充分的肯定，意见和建议能够得到足够的重视，真正被当作企业一员，而非只为了谋生，那他们就会把自己的智慧才干发挥出来。当个人的期待与企业的价值理念相一致时，员工的敬业度就会提高，并通过勤奋的工作物化显现出来，生产出具有竞争力的产品。

心理环境作为一种对人的心理事件产生实际影响的环境，无疑是一种以观念形式表现出来的环境。这是一种在客观环境的作用下，通过主体对客观环境的内化、整合，在一定心理时空表现出来的、对主体心理行为产生实际影响的观念环境。它既是主体对客体的反映，但又不同于客观环境刺激下所出现的心理反应。它是通过主体心理在一定心理时空积淀、扩展而产生的对个体、群体的一种心理影响。

影响主体心理行为的心理环境，是一个由多种心理要素整合而成的极为复杂的心理构成物，有由心理活动内容建构的认知环境、感情环境、意志环境、个性环境；有由主体的种种心态建构的个体心理环境、群体心理环境；还有由社会的不同心理层面建构的民族心理环境、区域心理环境、家庭心理环境、学校心理环境、商店心理环境等。

无论是哪一种心理环境及由这种环境所产生的心理活动，都是一种意识的、观念的活动，而意识的、观念的东西，只能是客观的、物质的东西的产物。正如马克思和恩格斯所说的那样："意识一开始就是社会的产物，而且只要人们还存在着，它就仍然是这种产物。心理环境只能是客观环境的产物，是由不以人的意志为转移的客观存在决定的。"

客观环境的层次、质量不同，对主体心理、心理环境的影响亦不同。在社会物质生产、社会历史基础上，由社会生活各方面组成的社会生活环境，则是主体心理、心理环境发展变化的基础。

人们常说："哭有哭相，笑有笑样。"个体的哭笑所表现出来的心态和由这种心态显示的心理环境，就不纯粹受先天因素的影响，也有社会力量的制约，带有长期社会熏陶的文化模式烙印。正是这种社会环境的制约作用，每个民族形成了自己独具一格的民族心理，并由这种心理建构了这一民族特有的心理环境；不同地区的地域文化孕育出不同地域文化心理，建构了具有地域文化特色的心理环境；而反映一定社会政治、经济、文化、历史的社会心理，则建构了具有现实影响力的心理环境。

当然，客观环境转化为具有观念性的心理环境，是一个极其复杂的客体与主体、生理与心理相互作用、相互转换的过程。

客观事物作用于人脑，经过大脑的分析、综合的加工改造，主动地把客观的东西内化为主观的东西之后，便产生了主体的各种心理活动。这些心理活动在主体心理时空又经历了反映者内部特点的折射、扩展、积累、反馈，就形成了以观念形式表现出来的心理环境。处于一定心理环境中的主体，不断地在改造客观世界与主观世界的实践中，在认识、把握这个客观世界的规律中，实践着从必然王国向自由王国的飞跃。这就是人类之所以成为万物之灵的内在机制。

这一内在机制也告诉我们，由客观环境转化而来的心理环境，当它作为一种心理构成物反作用于客观环境与人们的心态时，实质上仍然是一种外在客观环境要素。它之所以对主体心理行为具有心力作用，并不是它的观念形式，而是它的客观实在性。如在某种新的社会刺激和人们的从众心态契合形成的时尚心理环境中，人们通过仿效、感染的心理连锁反应，迅速地在人群中流动、扩展，产生一种流行的心理行为反应，如流行的服装、发型、家具等。在这时，这种时尚心理环境实际上就已成为具有客观实在性的环境。

为此，在探究心理环境与客观环境的辩证关系时，我们不仅要了解客观环境的内在构成及其对心理环境的作用，更要弄清客观环境是怎样反映到人的头脑中来，观念中的环境是怎样形成又如何反作用于客观环境的。只有这样，我们才能更有效地把握客观环境中的心理渗透、同化作用，找出客观环境中促进主体心理行为变化的实在因素，从而更为有效地利用控制这些因素。

幸福心语

无论是哪一种心理环境及由这种环境所产生的心理活动，都是一种意识的、观念的活动，而意识的、观念的东西，只能是客观的、物质的东西的产物。

弱化适应和生存压力的驱动性

现代人普遍感觉变化快、压力大、负担重。青春未失去，满脸已经写满沧桑，让人唏嘘不已；自杀事件屡见报端，让人扼腕顿足……压力已成为屠杀现代人的“第一杀手”。因而，现代人也急需在内心构筑起一道“和谐的心态、辩证的思维”的防御墙，以此缓解生活的压力，保持身心的健康。

相关专家建议，为了能够缓解人的心理压力，我们就可以通过以下几种方式来进行。

1. 保持理性思考

面对纷繁的现实，人们常感慨：人为什么活着？为了什么而活着？活着到底有什么意义？心理各异，答案各不相同。因为我生来就是活着的，这是自然心理；因为有的愿望还没有实现，这是期待心理；因为正享受着活的乐趣，这是留恋心理；因为不知道什么时候会死，这是等死心理；因为目前还不想死，这是求生心理。为自己而活，生命的本质在于追求快乐，是自然的、真实的人生观；为他人而活，生命的价值在于别人幸福，是道德的、高尚的人生观；为信仰，为欲望……不管为什么而活，内心的和谐是基础，理性的思考是关键。

2. 追求和谐

由于个人愿景和现实的距离，人们在人生旅途中博取成功的同时，或多或少会遇到一些挫折，甚至悲剧的色彩，能坦然面对并坚韧不拔，更是一种卓越。面对复杂的困境，要学会选择。人的一生就是由许多选择组成的，也许你目前的很多东西都无法选择，但你的态度和方法是可以选择的，随着你正确的选择，你前面的路就越来越宽阔。选择目标，选择实现目标所需要的方法，并且在过程中不断地矫正自己的误差。内心追求和谐，头脑保持冷静。年轻时不要怕，敢于拼搏，善于创新；年老后不要悔，因为曾经努力过。注重过程，看淡结果。

3. 以清正雅和的心态面对现实

马路越修越宽，“路怒族”却越来越多；房子越修越豪华，恩爱家庭却越来越少；药物越来越多，健康却越来越差；生活越来越好，感恩却越来越少；拥有学位，却没有品位；潜力被挖掘了，人却贬值了……这就是现实！我们必须以积极的、健康的心态面对现实。要努力做好每件事，顺其自然，快乐度过每一天。面对工作压力，更应该如此，当你没得选择时，不如乐意地接受，努力地完成，享受成功，赢得赞誉。消极的想法是影响成功的根源，抵触情绪更容易造成“双败”的局面。

4. 辩证地看待压力和挫折

乾坤者，阴阳也，有阴必有阳，有顺必有逆，万物皆平衡。顺境时不要得意，逆境时不要失意。得意淡然，失意泰然。不浮躁，不冲动，宁静而致远。面向未来，主动适应，相信彩虹总在风雨后。哪一个走路的人没有摔过跤？跌倒了爬起来！留一份真，留一份坦然在每一个生命的路上。如果赖着不走，怨天不公怨地不平，别人窃笑，为难的还是自己。即便人生是一个错，你也应该和别人有等同的机会去制造错，如果我们每一个人都能有这样一种心境，这样一种胸怀去看待压力和挫折，我们便不会在某一个地方某一个时刻侵扰自己。

人生冷暖自知，荣辱沉浮自如。留一份坦然给生活，你的生活就会拥有四季的灿烂。

幸福心语

跌倒了爬起来！留一份真，留一份坦然在每一个生命的路上。如果赖着不走，怨天不公怨地不平，别人窃笑，为难的还是自己。留一份坦然给生活，你的生活就会拥有四季的灿烂。

强化体验快乐的需求力

快乐作为情绪的重要方面，对人类的生存具有重要意义。

快乐，是每个人迫切渴望的，然而快乐对有些人来说确实是遥不可及的。俗话说：“生活中不是缺少美，而是缺少发现美的眼睛。”同样，生活中也不是缺少快乐，而是缺少感受快乐的心态。

快乐，其实很简单，有人就总结出了体验快乐的七大秘诀。

1. 理性安排生活事件

在生活中，你是否总感觉有做不完的事情，每天被纷繁复杂的日常事务所困扰，工作效率低下，总提不起精神，整天浑浑噩噩的。其实，我们完全不必这样。

对于日常事务，我们完全可以根据紧急、重要两个维度将其分成四类：既紧急又重要事件、紧急不重要事件、重要不紧急事件、不重要不紧急事件。第一时间处理既紧急又重要事件，紧急不重要事件稍后处理，重要不紧急事件随后处理，最后处理不重要不紧急事件。

当我们划分好这四种日常事务，然后再本着“逐一击破”的原则，逐渐地，我们就会觉得日常事务不再那么讨厌了，事情不会让人心烦意乱了，心态也阳光了，笑容也挂在脸上了，生活从此不再阴霾。

2. 合理宣泄

心理咨询的原则之一是：“先处理情绪，再处理问题。”笔者十分认同这个观点，不良情绪会一直影响着人，从而降低了他的工作效率。对此，要有合理的情绪宣泄方法。

首先，可以通过跑步、跳健美操等运动来宣泄情绪，在运动的过程中，想象烦恼随着汗液流出体外，运动完之后，人就感觉很轻松了。

其次，在心情不好时，可以收拾房间、整理物品、拖地，将房间打扫得一尘不染，看着自己的劳动成果，人也感觉轻松了。

再次，洗衣服也是宣泄情绪的方法之一。通过将衣服一件件地洗干净，感觉糟糕的心情也随着脏水倒走了。

最后，大声喊叫。可以找一个人烟稀少的地方，将自己内心的苦闷与烦恼大声地喊出来，用尽全力地喊出来之后，不良情绪也随之释放出来。

伤心的时候可以找个没人的地方，尽情痛哭。

3. 认识自我，悦纳自我

在希腊的太阳神圣殿外刻着哲人塔列斯的一句话：“人，认识你自己。”人，最难认识的是自己，我们一生当中都在不断思考“我是谁”这个问题，成龙主演的电影《我是谁》，给我们展示了一个人如果不知道自己的身份，那么他将会迷茫、困惑，并由此衍生出一系列问题。如果一个人不了解自己能做什么、不能做什么，那么他将会经历一系列挫折，有时甚至会发展为心理问题。

4. 寻求社会支持

“朋友多了，路好走”，朋友是一笔不可缺少的、宝贵的人生财富。正如人们常说的：“如果你有一份快乐与朋友分享，那么你将收获两份快乐；如果你有一份痛苦与朋友分享，那么你只有一半的痛苦。”这句话就形象地表达出朋友多的益处。朋友是不可或缺的社会支持，而来自家人、亲戚、同事的支持也是一笔宝贵的财富。遇到苦难、郁闷的事情时，向家人倾诉，通过交谈便能以新的角度去看待问题；同时，在倾诉的过程中，情绪得到了宣泄，也就能更冷静地去思考问题了。

5. 适度社会比较

亚当斯有一个“公平理论”，就是说每个人都会将自己的付出和收获与他人的付出和收获不知不觉地进行比较，从而做出自己的一个判断。如果自己的付出和收获的比值小于他人的付出和收获的比值，人就会感觉到不公平，从而通过消极怠工、散布不满意见、制造矛盾、扰乱团队精神、暂时逃避等方式来表达自己的不满。因此，当心情不好时，我们可以看悲剧，看到还有比我们更凄惨的人，心情就豁然开朗了，幸福感油然而生。这种横向比较，比出来的是快乐和感恩的意识，感觉活着就好，身体健康更好…… 于是，心情就舒畅了。所以，我们应当学会进行适度的社会比较。

6. 适度娱乐

心情不好时，可以看幽默故事和笑话，笑一笑，心情就舒畅了；可以看喜剧，全身心地沉浸在剧情里，捧腹大笑，笑过之后，人就感到非常轻松了；可以随着音乐而歌唱，通过大声地呐喊，把自己的不良情绪宣泄出来；还可以与朋友一起到海边玩沙，到森林里看绿色植物，蓝蓝的天空、蔚蓝的大海、翠绿的森林，这一切都会让人兴奋不已。快乐，其实就这么简单。如果你认为还不错，那就亲身体验一下吧。

7. 换个想法，换种心情

艾利斯的理性情绪疗法认为，引起人们情绪困扰的并不是外界发生的事件，而是人们对事件的态度、看法、评价等认知内容，因此要改变情绪困扰不是致力于改变外界事件，而是应该改变认知，通过改变认知，进而改变情绪。他认为外界事件为 A，人们的认知为 B，情绪和行为反应为 C，因此其核心理论又称 ABC 理论。

譬如，小李和小王在沙漠里饥渴了几天几夜，突然在前面发现了半瓶水，小李想：我真幸运，还有半瓶水，于是欣慰地笑了。小王想：我真倒霉，只有半瓶水，于是拉着一张脸。由此可见，不同的想法导致两人不同的情绪。因此，在日常生活中遇到问题时，我们要告诉自己，事已至此，我就要积极地面对问题，找到解决问题的方法。

快乐其实就是人的心理体验，当我们需要快乐的时候，我们会刻意地去寻找快乐，我们也因此会感受到更多的快乐。所以，当你感觉不快乐的时候，不妨试试以上七种寻找快乐的方法。

幸福心语

俗话说："生活中不是缺少美，而是缺少发现美的眼睛。"同样，生活中也不是缺少快乐，而是缺少感受快乐的心态。

第七章

增强幸福力的深度策略

在发现自己之前，我即便睁大双眼，依旧无法看到这个世界；在懂得真爱之前，我即便满手玫瑰，依旧满腹委屈，伤痕累累。是谁在我颠沛流离、千疮百孔之后，终于让我明白世间最伟大的力量不是杀戮征服，而是爱的力量，是成为自己，更成全别人的荣光。看到自己，也看到别人，懂得获取，更懂得给予。这就是爱的力量：爱若烛火，只为照亮我们回家的路！

描绘蓝图——明天和今天不一样

一直感慨于马云先生的一句话：“今天很残酷，明天更残酷，后天最美好，可惜许多人在明天晚上就死了，看不到后天的阳光。”

很多人都希望自己的人生一帆风顺，希望自己的明天灿烂美丽，却不肯去为明天而努力，总是触摸不到期望的自己，于是在迷茫、彷徨、寻觅中迷失了自己。

在古老的原始森林，阳光明媚，鸟儿欢快地歌唱，辛勤地劳动。其中有一只寒号鸟，有着一身漂亮的羽毛和嘹亮的歌喉。它到处卖弄自己的羽毛和嗓子，看到别人辛勤劳动，反而嘲笑不已，好心的鸟儿提醒它说；“快垒个窝吧！不然冬天来了怎么过呢。”

寒号鸟轻蔑地说：“冬天还早呢，着什么急！趁着今天大好时光，尽情地玩吧！”

就这样，日复一日，冬天眨眼就到了。鸟儿们晚上躲在自己暖和的窝里安乐地休息，而寒号鸟却在寒风里，冻得发抖，用美丽的歌喉悔恨过去，哀叫未来：“抖落落，寒风冻死我，明天就垒窝。”

第二天，太阳出来了，万物苏醒了。沐浴在阳光中，寒号鸟好不得意，完全忘记了昨天的痛苦，又快乐地歌唱起来。

鸟儿劝他："快垒个窝吧，不然晚上又要发抖了。"

寒号鸟嘲笑地说："不会享受的家伙。"

夜晚又来临了，寒号鸟又重复着昨天晚上一样的故事。就这样重复了几个晚上，大雪突然降临，鸟儿们奇怪寒号鸟怎么不发出叫声了呢，太阳一出来，大家寻找一看，寒号鸟早已被冻死了。

许多人在生活中日复一日地重复度日，麻木的样子无异于寒号鸟。今天的事情推到明天，明天的事情推到后天，一而再，再而三，明天是今天的重复，今天是昨天的再现，从来没有改变过。这样的日子让人毫无生活的动力。我们应该描绘明天的蓝图，心怀希望，让每个明天都不是今天的重复，这样的人生才是积极的人生，进步的人生。

人生需要传承，更需要改变和突破，要有战胜自己的勇气，这才能成就今天，改变明天。那么，我们应该怎样战胜现状，改变自我呢？这首先就要从自我做起——

1. 正视自我

要对自己有一个正确的认识、实事求是的评价，做到有自知之明。既不能夜郎自大、目空一切，又不可自怨自艾、自卑自贬。不管是居庙堂之高，还是处江湖之远，你还是你，不能因地位、环境的变化而对自己的认识起变化。要相信自己，不能怀疑自己。

2. 善待自我

要学会正确对待自己的功过得失和荣辱成败，这是善待自我的根本。成功面前要对自己说，太阳升起来，月亮自然会悄悄隐退；失败面前要同自己说，太阳落下去，月亮自然会缓缓升起。要坚信，人生对待每个人都是平等的。对待进退得失、名利地位，要做到无欲则刚，不趋炎附势，不沉溺于物欲。只有这样，才能战胜自己，坚定自信心。

3. 充实自我

没有知识，就没有本钱，没有底气，脑子就会变成空壳，人生就会变得空虚。没有知识的自信，是孤芳自赏，是自痴自恋，是刚愎自用。提高自己的素质是相信自己的基础，注重提高和加强自己的思想水平、道德素质和法制观念，这是培养相信自己所必须具备的。

4. 把握自我

首先，要把握好人生大坐标。树立正确的是非观、善恶观、美丑观，力求多奉献、少索取，多吃苦、少享受，多廉洁、少贪欲，做到不为名利所囚，不为物欲所诱，不为人情所扰。其次，要把握好人生每一步。要把自己根植于实际当中，设计出具体实在的小目标，一步一步地去实施。最后，要把握好自己的心态。塑造活跃健康的思想和乐观向上的情趣，始终保持旺盛的革命斗志，以积极的心态投身于现代化建设事业之中。

5. 不断锤炼自我

人要成才必须要经受千锤百炼。从大的方面说，要到生活中磨炼，到社会中磨炼。从小的方面说，要学会用每一天来磨炼自己，用每一件事来磨炼自己，于细微处接受精雕细刻。通过磨炼，使自己政治上更加坚定，思想上更加成熟，业务上更加精湛，热爱岗位，珍惜工作，不断创造自己的价值，构造无悔的人生。

6. 敢于解剖自我

要多看自己的短处，多剖析自己的不足，注意从日常一言一行、一举一动中审视自己，反省自己。要通过解剖自己，不断发现自己的缺点和不足，及时纠正错误，自我矫正，防微杜渐，净化心灵。要做到自警、自重、自爱，并自觉改造自己的主观世界，使自己的形象不断完美。

做好这些，并且心怀理性地勇敢战胜自己，一天天改变自己，一天天向目标靠近，你就会每天都活得不一样。

幸福心语

很多人都希望自己的人生一帆风顺，希望自己的明天灿烂美丽，却不肯去为明天而努力，总是触摸不到期望的自己，于是在迷茫、彷徨、寻觅中迷失了自己。要改变现状，就要先改变自我，自我变则现状变。

灌注希望——相信一定能够实现

人生中有太多的挫折和坎坷，也有太多的快乐与美好，更有数不尽的收获和成就。生命不息，希望永存。只要我们心怀希望，朝着目标不断地努力，希望就一定能够实现。

“希望”是一个多么美丽而又具有生气的字眼。法国存在主义哲学家萨特说：“希望是人的一部分，就确定一个目标加以实现这一点而言，人类的行动一方面总是在现在中孕育，从现在朝向一个未来的目标，在现在中设法实现；另一方面，又在未来找到它的结局，找到它的完成。在行动的方式中始终有希望在。”而这也是诗人但丁所持有的观点：“生活于愿望之中而没有希望，是人生最大的悲哀。”

如今市场竞争激烈，在企业工作的年轻人心理压力最大，房子、车子、票子、孩子、老子，每一样都不能掉以轻心，所以现在的年轻人也最累。但是，我们不能因为累而心存颓靡，只要笑对人生、心存希望，就会发现天还是那么蓝，地还是那么宽，花还是那么艳，草是那么绿，你会感到，生活着并能感受这一切，是多么美好。

不管生活的压力有多大，我们都应明白，每个人在生存竞争当中，并因此都体会到了生活的酸、甜、苦、辣，我们的生活就是这样的五彩斑斓。人生是一个过程，其间要经历成功与失败，更多的则是平凡。不论成功、失败，还是平凡，都是人生的种种收获：从成功中收获经验，从失败中收获教训，从平凡中收获宁静。既然人生是个过程，在这个过程中还要不断收获，那么对未来，我们心中应该始终充满希望。

有人感叹时光如梭，转眼间青春不在，自己失去了许多，于是感到茫然无措。原因大多就有这样两个：一是希望得到的太多；二是不知道希望些什么。希望太多，是贪心；不知希望，是愚昧。贪心使人不平，愚昧使人不争，均让人落入虚妄。要使我们获得平静而充实的生活，就要懂得希望，心有希望，但不能太奢，亦不能太苛。

在这个世界上，人的处境，在很多情况下，都不是生存的处境，而是一种精神的处境，只要你不在精神上垮下来，外界的一切都不能把你击倒。一个人如此，一个企业如此，一个国家也是如此。只要我们心存希望，挺直腰板，用意气风发的脚步、乘风破浪的勇气去努力拼搏，所有的希望都会实现。

鲁迅先生曾经说过：“中华民族自古以来就有埋头苦干的人，就有拼命硬干的人，就有舍身求法的人，就有为民请命的人，他们是中国的脊梁。”所以，只要心存希望，永不放弃，成功就会靠近你。

那是很多年前，18 岁的她从小就喜爱音乐和舞蹈，并且经过努力如愿以偿进入了大学艺术系，攻读声乐专业。她的父母都是普通工人，家境自然不宽裕。学习期间，她总是尽可能多地做兼职，自食其力，以减轻家庭负担。

20 岁那年，她在一家旅行社兼职当导游，只有 500 元的底薪，却做得很认真，很努力。后来，回忆起这段当导游的经历，就感慨良多，她说："尽管苦不堪言，但也因此找到了改变自己命运的动力。"

那时正是她大学毕业的前夕，有一天，她拖着疲惫的身子回到宿舍时，已是晚上 11 点多钟了，舍友们还在兴高采烈地叽叽喳喳。一打听，原来，一个同学探听到一家电视台对外公开招聘气象节目主持人，正在撺掇大家去报名应聘呢！电视台有那么多有经验的主持人，我们能行吗？她有点泄气。怎么不行？同学纷纷给她打气，机会难得，你个人条件又这么好，不去试试多可惜呀！

谁知，那个同学记错了面试时间，当她和同学赶到电视台时，面试已经结束了，考官正在收拾东西，准备离开。

"完了，完了。"几个同学急得直跺脚，一个个脸上露出失落绝望的神情。

难道就这样眼睁睁地看着机会与自己擦肩而过？不，不能！不知从哪里来的勇气，她一个箭步冲上去，把主考官堵在电梯门口。请给我们一个面试的机会，也许，我们就是最合适的人选！她言辞恳切，神情充满自信。考官们一下子愣住了。在与她对视了足足半分钟后，主考官决定破例给她们一次机会。

结果，凭着清纯可人的外形气质、出色超人的自身素质和机敏过人的临场表现，她脱颖而出，最终被电视台录用了。

她没有想到，绝望之际，自己大胆得有点出格的举动，竟然开启了人生的一个希望之门。

其实，在很多时候，我们就应该有点这种把希望变成现实的勇气，只要还有一线生机，我们就不能轻言放弃。也许，正是这千万天努力后的一瞬间就能完全改变原来的生活轨迹！

幸福心语

在这个世界上，人的处境，在很多情况下，都不是生存的处境，而是一种精神的处境，只要你不在精神上垮下来，外界的一切都不能把你击倒。

叙述法则——把心中的梦想说出来

飞机为什么能够上天？因为莱特兄弟从小就萌生了像大雁一样飞起来的梦想。

火车为什么能够奔驰？因为斯蒂芬森在当矿工时心中就立下了发明蒸汽机车的宏大志向。

一句话，正是那美丽的梦想，使这些人迸发了澎湃的激情，确立了坚定的信念，唤起了异乎寻常的勇气，增强了百折不挠的意志，从而最大限度地发挥了自己的潜能，做出了常人所难以做到的事情。

可以毫不夸张地说，世界上许多做出杰出贡献的人，都是善于做梦的人，他们都是在美丽梦想的激励下，方才取得了令世人瞩目的卓著成就。

在这一点上，看一看黎族作家酒尕的经历，对我们也许会有很大的帮助。

1975年，还在读小学五年级的洒尕在阅读了《西游记》之后，对写书的人产生了无比的崇敬之情，并进而产生了一个大胆的念头：长大了，我也要写书。

村里人得知了他的想法之后，都认为他是痴人说梦。而他的语文老师的诘问，更刺痛了他稚嫩的心："你知道写书的人叫什么吗？那叫作家。我们县历史上还从来没有出过作家呢。你以为作家就那么好当？几十万人中还出不了一个呢。还是放弃那些不切实际的想法，好好地念你的书吧。要真念好了，兴许今后还能像我一样当个民办老师呢！"

洒尕虽然因此而流下了伤心的眼泪，但他绝没有就此而打退堂鼓，而是咬紧牙关暗暗在心里发誓：我将来一定要当一个作家，我要用无可辩驳的事实来证明——你们全都错了！

五年过去了，可命运之神非但没有让洒尕向做作家的梦想靠近，反而和他开了个残酷的玩笑，他在高考时竟以两分之差被关在了大学的门外。回到家乡后他赶过马、烧过窑、耕过田、当过木匠，但不论生活如何艰辛苦涩，他从未放弃过当一名作家的梦想。

不过，他一次次地投稿，换来的却总是一次次的失败，这使小村人更坚定了他们对洒尕的看法："瞧他那熊样，怎么能当作家？如果在我们这种穷地方都能生长出作家，那作家就太不值钱了。唉，这娃子看来是废了，整天像二流子一样不务正业，就知道熬更守夜地写呀写的，有什么用啊？肚子饿了当不得饭吃，天气冷了当不得衣穿。还是本本分分地种好自己的那一亩三分地，才像个正经过日子的样呀。"

这时，洒尕已习惯了人们的轻视，他不再理睬这些闲言碎语，而是更加勤奋地没日没夜地写呀，写呀。正像一句俗语说的那样："老天绝不会让苍蝇吃草。"在洒尕的废稿写了足有一米高的时候，他的处女作终于在地区文联的刊物上发表了。

当成功的大门一旦被推开之后，他也渐渐迎来了一片无限的光明，最后终于如愿以偿，以无数的荆棘编织成了作家的桂冠。

不过，尤为感人的一幕却是功成名就之后，他回乡探望那位小学老师的那个动人场面。那位已届垂暮之年的老师对洒尕说："轻视其实蕴含着一种巨大的力量，一种爆发性和鞭策性极强的力量。只不过对那些缺乏自信、缺乏主见、缺乏进取精神的人而言，它是一种阻力；而对于那些自信自强、永不妥协、永不放弃梦想与希望的人而言，它则是鞭策，是动力，是非常有效的前进动力。所幸你没有把它当成阻力，而是当成了动力。说实话，当年我对你最担心的，就是这个。"

对那位老师一直耿耿于怀的洒尕闻听了这番话语之后，终于泣不成声，泪流满面，对实现梦想之路的艰难坎坷有了更为深切的感受和领悟。

洒尕的故事告诉我们，天助不如自助，执着一念，不懈追求，这才是成功之本。

正因为梦想对于我们的一生有着如此巨大的作用，所以人们都将最热情、最美妙的赞词奉献给了它。美国第二十任总统威尔逊曾说："我们因为有梦想而伟大，所有的伟人都是梦想家。他们在春天的和风里，或是在冬夜的炉火边做梦。有些人听凭自己的伟大梦想枯萎而凋谢，但也有人灌溉、呵护梦想，在颠沛困顿的日子里精心培育梦想，直到有一天得见天日。"黎巴嫩著名诗人纪伯伦曾说："我宁可做人类中有梦想和有完成梦想的愿望的、最渺小的人，而不愿做一个最伟大的无梦想、无愿望的人。"

如果你有了梦想，就一定要勇敢地去追逐，而千万不要将企盼的双眸锁在岁月的一角。只要心底有一个金色的向往，幸福就会与你相伴；只要梦里有一个美好的结局，如意就会与你相随。不懈地去追求一个个梦想，就一定能留下一座座丰碑。

诚然，梦想的确立还只是人生的发端，要使梦想真正变为现实，那还得要走十分漫长和异常艰巨的道路。正如布朗宁所说："如果凡人所梦想的都唾手可得，那还要天堂干吗?"是的，只有历经了无数的坎坷曲折，冲破了九灾十八难之后，我们才有可能达到隧道的出口，迎来黑夜以后的黎明。

幸福心语

鸟儿有了梦想，才能展翅飞向蓝天；人们有了梦想，才能创造生命的奇迹。如果没有梦想，人生定然平淡无奇；只有有了梦想，人生才能无比辉煌。矢志不移地放飞梦想、追逐梦想、我们就一定能渐渐地超越平凡，一步步迈进卓越的大门。

能量聚焦——抓住注意力的方向

相信大家都听说过这两句话："点燃正能量，引爆小宇宙。点燃正能量，运气挡不住。"爱生活，爱他人，这就是我们要积极倡导的正能量的核心。当正能量足够强时，它的光芒就足以赶走负面的阴暗，走向阳光，走向成长。作为一名有爱心的人士，更需要将这种能量传递给我们身边的人，让他们快乐。

人类最大的特点，就是具有主观能动性，能够发挥自己的聪明才智。通过实实在在的行动认识和改造世界。一个人的想法和心态往往会影响到生活质量和工作实效，积极乐观的心态，能够让我们即使面对挫折和困难，也能将它们变成追求幸福的动力；消极焦虑的心态，则会让我们忙于抱怨、挑剔、指责，而忽略了积极行动，让各种机遇和我们擦肩而过。积蓄并传递信任、豁达、愉悦、进取等正能量，规避并消除自私、猜疑、沮丧、消沉等负能量，聚焦所有的正能量，把握人生的正确航向是我们首要的任务。

艾戈尔是德国汉堡的自由职业画家，当年从法国来到德国时，为了绘画艺术，他整天饿着肚子，竭尽千般努力，吃尽万般苦头，梦想着有朝一日出人头地当名画家。然而，经过数年努力，历经痛苦挣扎，仍然事与愿违，一张又一张呕心沥血创作的油画无人问津，还是个口袋空空的落魄艺术家。这时，他才意识到，自己的想法和做法不切实际，必须换个前进方向，找到一种适合自己的生存方式，方能实现当名画家的理想。

艾戈尔经过观察发现，德国一般的传统家庭，都很注重每天全家在一起的聚餐，并以此为亲情交流沟通的美好时光。为了营造共进晚餐时的气氛，虽然食品简单，只是些面包、果酱和香肠，但场面绝对高贵典雅，最富特色的是这样的晚餐，都要铺上艺术餐巾纸：并根据不同的天气、当天幸运色以及不同的节日来挑选合适的艺术餐巾纸；若是品东方茶，就配上东方茶具和东方图案的餐巾纸；而如果喝咖啡，则垫上印有巧克力豆的餐巾纸。因此，在德国，10 张一包的艺术餐巾纸的价格一般都在 4 ~ 5 欧元，而且销售行情很好。

这时，艾戈尔有了自己的想法，决定改变自己艺术追求的方向。他成立了自己的餐巾纸设计公司，将法国人的浪漫充分体现在自己的餐巾纸设计作品中，将德国人的严谨应用到他的企业管理中。

经过十几年的努力，艾戈尔终于从一个食不裹腹的自由职业画家，成功地转型为一位设计师，尤其在艺术餐巾纸的设计和销售方面，更是声名远扬。现在，他正在考虑如何实现多年来想当一名著名画家的梦想，还想建立一个属于自己的博物馆，将他设计的所有艺术餐巾纸陈列出来，供人参观、收藏。

实现人生目标不仅需要顽强的斗志和不懈的努力，更需要正确的方向。如果是一味地埋头苦干，不抬头看路，也许永远到不了自己的目的地。任何人，不管是生存还是创造，都是主观为自我，客观为别人，就像太阳发光，首先是自己生存运动的必然现象，照耀万物，不过是它派生的一种客观意义而已。所以我们每个人都要找到自我生存的价值，那么整个人类社会的向前发展的方向也就明朗了。这大概是人的规律，也是生物进化的某种规律——是任何专横的说教都不能湮没、不能哄骗的规律！

其实，人生就像一列火车，有自己的起点，也有属于自己的终点，都有必经的归途，也有属于自己的方向。如果你很久没有为一件小事而自信满满，没有为一个小幸福而甜蜜一天了，没有了豪情满怀，没有了凌云壮志，那么你就迷失了方向。所以，我们要懂得能量聚焦效应，只有 Hold 住注意力的方向，那么我们就为成就的取得奠定了基础。

幸福心语

人类最大的特点，就是具有主观能动性，能够发挥自己的聪明才智，通过实实在在的行动认识和改造世界。

设计环境——唤醒积极的行为

时代造就人，环境影响人，时代和环境的变化对人们的影响是巨大的。

在“二战”时期，战争让许多人的居住环境遭到破坏。当时的艺术家们也开始流离失所。对每个人的心理都产生了深刻的创伤，英国首相丘吉尔就曾感慨道：“人们塑造了环境，环境反过来塑造了人们。”这句话意味深远，人的行为和环境就是一种相互的作用关系。

有两群鸭子，其中一群特别会下蛋，每天都可以下一只大大的蛋；而另外一群则非常懒，不爱下蛋，两天或三天才下一只普通大的蛋。这两群鸭子各自生活，互不干扰，各有各的池塘和草地，各下各的蛋。

在猴年马月鸡日，懒鸭子群当中的一只鸭子来到了勤奋鸭子群当中，这里的一切让它非常惊奇，鸭子们竞争下蛋的场面非常热烈，每只鸭子对下蛋都非常有激情，非常有积极主动性，恨不得下出一个打破吉尼斯纪录的鸭蛋好让人刮目相看，赞不绝口。这给新来的鸭子留下非常深的印象，于是它决定留下来，也决心像别的鸭子一样天天勤快地下蛋。

一个月以后，它成功了。它每天也可以下一个又大又白的鸭蛋来。世界一天一天在变，但勤奋鸭子与懒惰鸭子们的生活没有改变。

之后，某年某月的某一天，勤奋鸭子群里的一只鸭子出来散步时不小心走失了，却意外碰上了那群懒鸭子。这里的鸭子对生活没有什么向往，不会去勤快地寻找食物，对下蛋也没有什么兴趣，如果吃得不好或者没找到食物就根本不下蛋，懒懒散散的，这群鸭子的鸭蛋产量非常的低。

看到这一切，那只勤奋鸭子心凉了，可是它一时也找不到原来的集体，于是它就暂时留了下来，和这群懒鸭子们住在了一起。时间久了，它也便渐渐地习惯了它们的生活。就这样，一个月以后，曾经每天能下一个大鸭蛋的鸭子居然不会下蛋了。

古人云："谋事在人，成事在天。"俗话说："事在人为。"由此可见，一个国家的发展关键在人，一个单位能否发展，一项事业能否兴旺，一件事情能否成功，最关键的还是靠人。人类在不断地改造着这个世界的同时，也通过自己改造的环境受到影响和制约。人类在改变这个世界的同时，也在改变着人类自己。

同样一个人，环境可以令其发生意想不到的改变。如果在一个积极向上的群体里，受到周围的人感染，他也会努力勤奋起来，并且做到自己的最好。成功的人或许成了这个群体的领导者，或者开创了他自己的新事业，或者在某一方面他是专家，是权威，是不可或缺的重要人物。但如果待在一个散漫懒惰的群体里，同样也会让一个优秀的人变成懒汉。如果他不能改变这个群体，那么就要被这个群体给同化。

人总是有惰性的，当周围的人都不思进取，沉迷于安乐，对工作得过且过，没有计划性，没有长远性，没有良好的执行力，组织框架松散无序，在这种环境感染下，再勤快的人也会变成一个碌碌无为的人。

人不能改变环境，但环境可以改变人。一个人，如果自己不思进取，那么受到环境的影响，尤其是懒惰环境的影响是最容易的。这时候的他不想主动地改变他自己，他只会随波逐流。或许即使在一个勤奋的群体里他也跟得上，但这样的鸭子不会生出最好的蛋来，或者生出更多的蛋来。他的水平仅仅是在平均线以下，是属于随时可被淘汰的那一种人。肯用心做事的人则会积极地利用周围的有利环境对他的影响而实现他的目标，在完成他的工作之内，他会不断地挖掘自己的潜能。

从理论上来说，人的潜能是无限的，只要在合适的机会之下是可以转变为真正的工作力的。若某个人在某项工作当中表现平平，并不是他最好的状态，但给了他一个机会让他从事另一项工作，或许缘于平时的积累，或者在这方面找到了他工作的潜力，那么便能比以前做得更好，做得更大，做得更强。

人的潜能是无限的，只要肯去挖掘。人不可能拒绝环境对你的影响，但可以选择较好的环境。所以，我们应学会设计并选择利于自己环境，以此唤醒积极的行为，才能创造一个美好的明天。

幸福心语

自然环境对人的生活的影响是巨大的。人的行为和环境是一种相互的作用关系，人类在不断地改造着这个世界的同时，人类也通过自己改造的环境受到影响和制约。所以，人要学会设计环境，时而唤醒自身的积极行为，为成功打下基础。

控制行为——为人处世的低碳高效法则

自我控制是一个人成长过程中最重要的个性品质之一，更是衡量一个人心理成熟的重要标志，而自控能力就来自情商中的识别感情能力和调整感情能力。

美国的一位心理学家就自我控制做过一个非常著名的“软糖试验”：

被试验的孩子面前摆着一块糖，并且被告知如果在5分钟内忍住不吃就能得到第二块糖。

经过追踪调查，他们发现那些很好地克制自己，在规定的时间内没有吃第一块糖而得到第二块糖的孩子长大后都考上了大学，有着较高的声誉和社会地位及财富；而那些忍不住吃掉第一块糖的孩子长大后大多表现平平。

这就是自我控制对个人发展的极大影响。就个体的发展而言，那些自我控制能力强的个体将极大地推动其学习和工作，有效地把握自己促进其身心健康，使其身心达到一个较高的发展水平。

德国大文学家歌德曾说：“谁若游戏人生，他就一事无成，不能主宰自己，永远是一个奴隶。”自控能力代表着人对自己与周围环境关系的洞察，对自己适应能力的评价，对自身弱点的关注，并且能够积极地采取措施进行疏导，以适应环境对自己的要求。

在德国的城市里，你看不到街上有交警维护交通秩序，即使在深更半夜的空旷街头，也不会有德国人闯红灯。在德国生活，常能看到德国人在耐心地排队等候，全社会形成了一种高度自觉、井然有序的文明风尚。因为在德国不管是家长、学校还是社会，他们都会把“主宰自己”的自控能力看作孩子走向成功的关键因素，而且从娃娃开始就着力培养。

本哈德·比布博士是德国知名的青少年教育学家。这位曾培养了英国亲王、西班牙王后、德意志银行总裁等显赫政经名流的原德国最著名私立学校校长曾说：“现在的孩子享有太多的爱，自控能力却太少。”他认为，社会越开放，面临的诱惑也越多，孩子的自控能力就越来越重要。

优秀人才的竞争首先就是自控能力的竞争。比如，欧美科学家的最新研究就表明：小时候自控能力强的孩子，到初、高中阶段，学习成绩比同等智商的孩子要高20%左右。也就是说，青少年的情感意志直接影响智力发展。再比如，德国最年轻的音乐教授、小提琴家菲舍尔女士也说过这样的话：“自控能力非常关键，不能让孩子随心所欲。”因此，在培养自控能力上，首先就要从小抓起，因而家庭在这其中就起到了关键性的作用，所以一直以来家庭也被认为是“最重要的一站”。

在德国，很多家长就是从细微之处开始培养孩子的自控能力的，比如孩子一定要吃光盘中的食物，先做完作业才能玩游戏，零花钱一个月10欧元等。

在德国某城市的一个家庭里就有这样一双儿女，分别是12岁的本尼和7岁的苏珊。他们的母亲使用的方法就是适当的奖与罚。如果孩子做出了清理花园、油漆房屋等贡献时，就会享受到奖赏的快乐，给他们发奖金；如果孩子屡教不改，则必须承受软性惩罚。

有一次本尼和同学郊游，临行前，由于马虎，忘了带食物。这位母亲没有提醒儿子。旅行回来，孩子饿得脸色发黄。这时，她才问儿子怎么回事，并帮他分析原因。最后，儿子表示，以后出门一定要先列一个物品单。

还有一次，女儿苏珊很想买一条漂亮的裙子，但这超出了家庭开支计划。为此，女儿很多天都不高兴。这位母亲就带着女儿去了当铺，当着孩子的面要把自己心爱的项链当掉，以便换钱给苏珊买裙子。孩子看到妈妈这么做，决定不买裙子了。

心理学教授戴蒙德曾说，如果儿童经常抢夺别人的玩具，就属于自控能力缺乏。这种情况在进行有针对性的训练后即可避免。比如“西蒙说”游戏，首先用玩“石头、剪刀、布”的方法选出一人扮演西蒙，接着“西蒙”给其他人下指令，当他说“西蒙说，摸摸膝盖”时，其他人就必须按指令摸膝盖，当他说“摸摸膝盖”而没说“西蒙说”时，其他人就不能照做，照做的就被淘汰出局。最后，唯一没有被淘汰的即得胜者，继续扮演下一轮的“西蒙”。

在德国，家长还要给孩子一个记事本。孩子把近期和长期的大小计划都记在上面，从而周密地安排时间。这就是一种对人生的设计。如此一来不仅锻炼孩子过有计划的生活，同时也让他们更充分地发挥自己的才能。当然，在培养自控能力方面，德国家长也得起到表率作用。

自控能力是人必备的能力之一，善于自控的人常常能够化解生活中的一些烦恼和挫折，所以，我们自己不但要学会自控，还要让孩子从小养成自控的习惯。

幸福心语

自控能力代表着人对自己与周围环境关系的洞察，对自己适应能力的评价，对自身弱点的关注，并且能够积极地采取措施进行疏导，以适应环境对自己的要求。

激发潜能——调动人性中固有的力量

人都具有很大的潜能，只有在特定条件下，才能释放出常人难以想象的能力。

众所周知，随着现代生产的迅速发展和高技术的异军崛起，有识之士纷纷断言“人是创造发明的源泉，人的能力开发是成功的核心”，所以现代化最终应是人的现代化。

社会的发展，本质就是人的发展，也就是人的潜能开发。展望21世纪，将是全球范围内人的能力资源激烈竞争的时代。发达国家与发展中国家的实践与经验都将表明，谁拥有人才，谁就拥有发展优势，谁能更好地开发人的潜能，谁就会有更多的优先权、主动权。

人的才能，不论其表现形式如何，就其内容来说，都是作为人体的一种能力而存在。有才能的人，是有能力的人。“天才”人物，都是各自领域中的大能人。但是，如果仅仅把才能归结为一种能力，还远没有揭示出才能的本质。因为这并未指明能力的内涵、能力的特征、能力的性质。

换句话说，这并没有回答才能究竟是一种什么样的能力。实际上，人都有两种能力：自然能力和知识能力。两者有不同的内容、不同的特征、不同的性质，从而也有不同的能量、不同的功效。由于在有才能的人身上这两种能力是结合在一起的，而且知识能力总是包含在自然能力之中，具有自然能力的外观，所以不容易区分。然而，从理论上把这两种能力区分开了，却正是科学地认识才能、揭示才能本质的关键所在。

提到人的潜能，世人有“人才”和“庸才”之分，归根结底是一个才能的判断问题。才能问题的研究，包括两个相互联系着的方面：“是什么”和“为什么”。这两者可以相互结合和交叉，但总体来说，应该先认识“是什么”，即透过复杂的现象揭示才能的内在本质，然后才能够清楚地回答“为什么”，即才能形成和发展的来龙去脉、前因后果，有什么规律性，为什么有些人有才能，有些人没有才能，等等。

那么，才能究竟是什么？或者说，用什么样的概念，才足以揭示出才能的内在本质呢？如果把才能的本质比作“足”，那么就可以说，以往常用的一些概念如天赋、智力、知识中有没有一个是适合它穿的“履”呢？当然这是不确实的，但我们绝不能“削足适履”，所以必须另做新“履”。

而这个新“履”就是知识能力。

人体的能力，来自肌体本身的运动，最初是纯自然的。人天生有能够思维的大脑，能够感觉的器官，能够运动的四肢。到适当年龄，它们发育成熟，便自发地形成人的主体能力。这种以天赋生理素质为基础，单靠吸取物质营养生长发育起来的、未经知识武装和训练的能力，是人的自然能力。

自然能力这个概念，是马克思首先使用的。他早就指出，人直接的是自然存在物。作为有生命的自然存在物，“人赋有自然能力、生命能力，这些能力是作为禀赋和能力，作为情欲在他身上存在的”。后来他在《资本论》中论述劳动过程时又说：“为了在对自身生活有用的形式上占有自然物质，人就使他身上自然能力——臂和腿、头和手运动起来。”

从马克思的论述中可以看出，自然能力乃是人的肌体的生物本能的展现，是每个发育正常的人不经特别努力就能获得的本领。目健者视远，腿长者步速，筋肉发达能力必强，声带松软音自柔。人的肌体的每一细微部分，都有某些与生俱来的特点，这些特点或多或少都会对自然能力产生影响。如果说人有天生的能力，人的能力有天赋的差异，仅就自然能力来说，那是符合实际、无可否认的。

但自然能力毕竟只是人的能力的低级形式。人靠自身的自然能力，也能对外界施加影响，获得劳动成果，但总是非常有限的。无论天赋如何优异，单靠自然能力只能从事粗陋的简单劳动，一进入复杂劳动，特别是创造活动领域，它就力不胜任、无计可施了。

我们一般人也能跑，也能跳，也能扔铁饼，但跑不快，跳不高，扔不远，赶不上成绩最差的运动员。我们也能手舞足蹈，但总是笨手笨脚，简单粗糙，不能给人以美感。我们也能拉提琴，但只能发出“杀鸡杀鸭”的声音。因为我们在这些方面使用的是“有生命的自然存在物”，是未经知识武装和专门训练的自然能力。包括所谓“天才”的奥妙，就在于与自然能力不同，知识能力是有知识灌注其中的能力。

由以上论述我们就可以得出这样的结论：无论面对怎样的环境，我们都应不断地学习，发挥自己的潜能，并成为人们所说的人才。这样我们才能调动人性自身中的能量，并帮助我们更好地生活和工作。

幸福心语

提到人的潜能，世人有“人才”和“庸才”之分，归根结底是一个才能的判断问题。而才能是需要激励的，这其中就有外界的激励更有发自内心的自我激励，因此我们应充分利用身边的资源以激励自我，这就是成才的秘密之一。

接受挑战——培养敢打必胜的信念

有的人面对挑战乱了心绪，失了分寸，把困难无限放大，以至于自认为无法超越，于是这样的人，一生都碌碌无为。而有的人勇于接受挑战，心怀必胜的信念，每每都能成功。那么，必胜的信念来源于何处呢？在实际生活中我们应该怎样做，才能积累必胜的资本呢？我们可以从以下几点做起。

1. 勇于认错并减少失误

人难免会犯错，无论大错小错，勇于承认才是有担当的人。千万别因为面子挂不住，而极力推托掩饰，这样只会让同事觉得你很幼稚，没有承担的勇气。即使是微不足道的小失误，只要是会影响到工作，都应该率先提出、道歉并改进。所以，一定要知道，勇于认错是有风骨的，视而不见或等人发觉才表态，就免不了有些无赖。

此外，道歉并不是重点，“对不起”喊得再大声，下一次再碰到类似情况时同样漫不经心，相同的错误再犯一次就是彻底失败，你要从经验中吸取教训。

2. 懂得做事，更重做人

如果你跳过槽，换过几个工作，应该会有这样的感慨：做事容易，做人难。有时候，要完成工作内容并不困难，但可能会卡在和同事之间的进度配合上，因此，如果你的工作伙伴愿意配合你，自然做起事来如虎添翼；反之，就可能进度胶着，浪费时间。

同事之间相处融洽，保持心情愉快，这是提高工作效率和团队战斗力的最佳动力。你每天都要在办公室里坐八九个小时，你若不能好好经营职场人际关系，并忽视同事之间的交情，不把对方当成亲密伴侣般尊重、沟通、配合，那么对你来说绝对是有害无益的。

3. 降低自己的“折旧率”

如果你是刚入社会的职场新人，勤于学习是必要的，因为有太多专业技能、工作技巧、职场伦理、企业文化和人际关系有待熟悉；若你已是工作数年、自认“资深”的员工，也不可倚老卖老、妄自尊大，否则你的优势很快就会被后生晚辈取代。

知识就是力量，不懈怠的学习能力才是百战百胜的利器。无论如何，公司聘请你的目的不是为了展现慈悲、给你一份薪水，而是希望你对公司做出有意义的贡献，好好帮老板赚钱，如果你不懂得随时间继续成长、自我精进，那你就会像过时的衣服、鞋子一样，免不了被淘汰的命运。

4. 公事公办，避免私情

办公室毕竟是工作的地方，职场事务已够令人烦闷，如果你还把私人情感或情绪带入工作，不只对你没好处，对同事来说也会有负面影响。无论如何，工作时都应该拿出自己的专业态度，把正事摆在第一位，减少接听私人电话，也不要太常和同事谈论私生活。

另外，办公室恋情也最好尽量避免，除非你已经打定主意不久之后有一方会离开这个工作圈，否则一旦公开，你就必须忍受旁人无尽的有色眼光，即使你们结婚了。因为，你和他被画上等号，你们之间就再也没有个人表现的空间，假设你表现不好，上司会以为是另一半影响到你；同样，若你的另一半决定调职异动，你以为你能事不关己吗？到最后，你会发现这样往往会把彼此逼进死胡同。

5. 多给建议，减少批评

任何一家公司都免不了有这样的状况，职位与能力不见得成正比，今天你们部门的副经理可能学历、经历和实力都没有强过你，他唯一的长处或许是有个嫁给董事长的姐姐而已。但是，没办法，你必须去适应，天底下本来就不是事事公平。因此，当你碰到同事或上级提出不合时宜的建言，就算对方再无知也不能面露讥讽或出言挖苦，无论如何，只要对方是你形式上的上司，没有实力你也必须敬他三分。

更何况，冷嘲热讽或贸然批评并不能显示你胜人一筹，也无法解决任何问题，相反地，只会制造更多问题，在旁人眼中留下傲慢无礼的印象。也许你会说："我只是就事论事。"所以，就事论事的前提还是仍保留在礼节与态度上，这并不是叫你采纳无知的建言，而是要从理性上有技巧地提出观点、建议，尽量避免直接批评。

6. 不说前份工作的坏话

曾有就业情报中心做过访查，老板面试员工时最容易放弃录用的原因，其中一项就是听见求职者对前一份工作的抱怨。也许，你说的是事实，上一份工作真的待遇少、工作杂、环境差、同事难相处，你每一天去上班都觉得像还债，但是，这种话真的不要说给现任工作的同人听，尤其不要妄想以贬低上一份工作，来赢得老板的信任与赏识。

因为，老板会设想：今天你抱怨了上份工作，任何地方都不满意，那如果有朝一日你离开了，这个公司岂不将是你下一个抱怨的对象？过去的事无从求证，只听你的片面之词，一个理性睿智的老板当然会去考虑到底是你真的运气不好走到坏环境，还是你适应力不足，所以用抱怨来掩饰无能？因此，一不小心，你的新老板就会怀疑你的忠诚度和处理问题的能力。

以上是培养必胜心对我们自己或者是我们应该怎样对他人的一些要求，只要是我们在实际生活中做到了以上几点，那么在遇到困难和挫折的时候，我们就不会选择逃避了。

幸福心语

有的人面对挑战乱了心绪，失了分寸，把困难无限放大，以至于自认为无法超越，于是这样的人，一生都碌碌无为。而有的人勇于接受挑战，心怀必胜的信念，每每都能成功。

第八章

公民意识及美德道德

如果我是一朵小花，哪怕只有两片花瓣，我愿意，一片叫美，一片叫爱，她们手足情深，用平凡的力量拥抱春天。如果我是一棵小树，哪怕枝叶柔软单薄，我愿意，低头感恩泥土，抬头仰望星空，和伙伴们手拉手，用挺拔的身姿追求光明。孤独的人生会痛苦，有爱的世界才美丽。为爱而努力一生一世就是我的目标，即使是平凡的我！

公民美德不是公民道德

有些人常常把公民美德与公民道德混为一谈，其实公民美德不是公民道德。

随着社会主义市场经济和互联网的发展，社会公共生活日益发达，公民美德的内涵及其在社会制度公平正义发展中的意义越来越受到人们的关注。

公民美德是社会公民个体在参与社会公共生活的实践过程中具备的伦理品质与社会美德，政治性和公共性是其主要的特性，它既是制度正义发展的基本内核，又是制度正义持续发展的动力资源。

公民道德是公民个人在处理与国家、社会和他人关系时，所应遵循的最基本的道德规范。这些道德规范通常是与公民所享有的权利相对应的，因而也具有法律的意义和根据。

公民道德不是随着人类社会的产生而形成的，而是历史发展到一定阶段的产物。

由以上内容可知公民美德是一种个人的品质，而公民道德是属于社会规范范畴。

有这样一个寓言：

上帝向人类展示了两幅画，第一幅是在一个狭小的屋子里，一群人围坐在一只锅旁边，由于锅很热，因此他们只能每个人用一个很长的勺子吃饭，由于勺子太长，所以始终吃不到，这些人备受折磨，这是地狱。

另外一幅是在同样的屋子里，一群人坐在桌子旁边用同样的勺子喂对面的人吃东西，这样每个人都有东西吃，这是天堂。

在两幅画中，大家所面临的条件是相同的，但由于人们的行为不同，就造成了天堂和地狱的差别，这就是利他和利己行为的区别。

利己与利他其实都出自我们对道德的判断以及理性的选择。也就是说，一个具有美德的理性人会做出利他行为以增进群体和个人的福利。所以，这种为他人的福利而付出的利他行为出自理性人，理性人也被称为有美德的人。

但是需要注意的是，美德的培养并不仅仅依靠对人在认知阶段的教育以及公共宣传，更重要的是社会经济制度的规划。一种经济体制能够刺激人们追求美德，并以美德来指导自己的行为，要比单纯的说教有效得多。反之，一个经济社会的成员的较高的道德水平会促进经济社会的发展。

美国经济学家米尔顿·弗里德曼就给出了这样的总结，他认为传统的经济增长理论忽视了道德和政治利益，生活水平提高的价值不仅在于它给个人生活带来的具体改善，而且在于它如何塑造人们的社会、政治和道德观。

历史表明，财富的增长使人们更宽容，更趋向和平解决争端，更愿意支持民主。经济停滞和衰退往往与不宽容、种族冲突和独裁统治息息相关。可见，人类道德水平的高低与经济发展水平息息相关。合理的经济体制下，人们的道德水平也较高。

比如，马克思就认为较高的道德水平和精神境界是理想社会即共产主义社会的特征之一。而美德是一种无形的力，浑厚而柔和，不显强硬，如同一道天外之光，照向人间，政府应该设置一个六面体，把这种光折射开来，使人们沐浴其中，从而使人们的经济行为也受美德这只“看不见的手”的引导。

美德出于天性和后天培养。对于天性的美化是一项伟大而长远的工程。这需要更高境界的智慧，这种智慧的程度与我们善行的必要性和有用性的大小直接相关。而调节天性的体制无疑是宏观调控者应该采取制定的，个体在行为上的审慎与自我克制需要就是在这个体制中塑造出来的，因而也使得个体的道德修养得到提高。因此提高美德修养不仅要靠制度，还要靠个人的努力。一个心灵不美的人，无论制度怎样健全，他也是缺少美德的。

爱人、孝悌、忠恕是公民道德的基本内容，也是我们中华民族传统美德的集中体现。所以，弘扬美德，表彰先进，弃恶扬善，这就是我们始终应坚持张扬正能量的做法。

幸福心语

公民美德是社会公民个体在参与社会公共生活的实践过程中具备的伦理品质与社会美德，政治性和公共性是其主要的特性，它既是制度正义发展的基本内核，又是制度正义持续发展的动力资源。所以，美德需要个人来修炼，更需要全社会来推动。

积极心理与公民美德、道德

积极心理学，是20世纪末最早在西方心理学界兴起的一股重要的心理学力量。它最早是由美国的心理学家塞利格曼和奇克森特米海伊提出来的。

在当时的社会环境中，塞利格曼和奇克森特米海伊就主张心理学研究的重点应以人们的实际的、潜在的、具有建设性的力量、美德出发，倡导一种积极的方式来对人的心理现象作出新的诠释，从而激发人内在的积极的力量和优秀的品质，并在这个过程中寻求找到帮助人们最大限度地挖掘人自身的潜力并获得幸福和快乐。

关于积极心理学的研究，他们就主要集中在研究人的积极情绪与体验、积极的人格品质、积极的环境关系等方面。比如，幸福、希望、自信、快乐、满意都是人类成就的主要动机，而人类的积极心理品质就是人类赖以生存与发展的核心要素。

目前，积极心理学已经在社会各领域里被提及或运用，将积极心理学的研究成果运用于现代的人力资源管理，如何挖掘员工的积极心理品质以提高企业或组织的绩效具有十分重要的意义。比如，进入21世纪，美国就面临一个历史性的选择。作为世界强国，美国有能力继续提高其物质财富，然而却忽视了其民众的心灵需要，从而就有可能滋生自私，扩大机遇代沟，产生混乱与绝望。在这样的背景下，一批富有责任感的美国心理学家主张研究人的积极品质，充分挖掘人固有的潜在的具有建设性的力量。

积极心理学致力于研究普通人的活力与美德，其目标就是发现使个体、团体和社会良好发展的因素，并运用这些因素来增进人类的健康、幸福，促进社会的繁荣，它就要求心理学家用一种更加开放的、欣赏性的眼光去看待人类的潜能、动机和能力等。因而，个体幸福与社会和谐是积极心理学阐述的基本要义。

关于积极健康的人格对个体的成长和发展会产生长期的影响，就主要有这样两种倾向：

一种是“乐观型解析风格”，他们总是相信自己有足够的行为能力来承受和减弱原有负向价值对于自己的不良影响，并使原有正向价值发挥更大的积极效应，因此只关心事物的正向价值，而不关心事物的负向价值，并把最大正向价值作为其行为方案的选择标准。

另一种是“悲观型解析风格”，他们既不相信自己有足够的行为能力来承受和减弱负向价值对自己所产生的不良影响，也不相信自己能够使正向价值发挥更大的积极效应，他们认为负向价值对于自己的不良影响将是巨大的，而正向价值对于自己的积极效应却是非常有限的，因此他只关心事物的负向价值，而不关心事物的正向价值，并把逃避最大负向价值作为其行为方案的选择标准。

对于积极的个人特质，这其中就包括了爱的能力、工作的能力、勇气、人际交往技巧、对美的感受力、毅力、宽容、创造性、关注未来、灵性、天赋和智慧，对人格特质的研究多集中于对上述品质的根源和效果的探讨上。这种研究途径的共同要素就是积极人格、自我决定、自尊、自我组织、自我定向、适应、智慧、成熟的防御、创造性和才能。同时，积极心理学还具体研究了包括好奇、乐观等在内的 24 种积极人格特质，并认为培养个体具有这些积极人格特质的最佳途径是增强个体的积极情绪体验。

因此，由以上内容我们就可以明白，积极心理与公民的美德和道德是有关系的，所以一个具有积极心理的人，往往是一个有美德和道德的人。因此，在明白这个道理的基础上，我们就应该注意多培养自己的积极心理，克服消极情绪，这样才能使我们的人生获得长远的发展。

幸福心语

我们要学会只关心事物的正向价值，而不关心事物的负向价值，并把最大正向价值作为其行为方案的选择标准。这样，我们才能全面地促进自己完美修养的形成，并进而促进社会美德发展。

要让礼貌成为自觉的行动

对于人们言语交流，“礼貌原则”一直都是研究领域关注的重点。

“礼貌原则”的提出，就指导着人们向更好的沟通与交流发展。礼貌是人的一面镜子，照出他的修养，映出他的人品。一个人的言语动作谦虚恭敬，便称为有礼貌。

“礼节乃是一封通行四海的推荐书”，每个人要想赢得好的名誉，必须从礼貌这样的“小节”做起。

林肯就是一位注重礼貌的美国总统。

有一次，林肯总统与一位美国南方绅士乘马车外出，途遇一老年黑人脱下破旧的帽子，向他深深鞠躬。林肯点头微笑，并摘帽还礼。

同行的绅士惊问：“为什么你要向一个黑鬼摘帽呢?”

林肯平静地回答：“因为我不愿在礼貌上不如别人。”

与林肯这样的名人形成鲜明对比的是，我们生活中却大有无视礼貌的“不明”之人。他们或因情绪不佳，不顾礼貌；或因缺乏教养，不懂礼貌；或因身份高贵，无视礼貌。其结果，往往会给人生和事业造成遗憾。

在北宋时期，有一个非常好学的青年，他的名字叫杨时。

杨时从小就很聪明，读书很用功，他常对别人说：“学习对我来说像吃饭一样，是我内心的需要……所以不能放松。”

一天，杨时遇到一个不懂的问题，就与好友游酢相约去请教老师程颐。当他们赶到老师家时，正好赶上老师午睡。为了不打扰老师休息，他们就站在院子里静静等候。

不巧，那天下起鹅毛大雪。他们站在外面，身上落了厚厚的一层雪花。当老师一觉醒来，推门看见他们时，地面的积雪已经一尺多厚了。杨时和游酢站过的地方，留下了两双深深的雪坑。

相信大家早已经听说过这个“程门立雪”的故事，为什么这个故事能够一代一代地广为流传，就是因为人们被杨时的礼貌所打动。

虽然，在日常工作生活中，对于“礼貌原则”的违反现象也大量存在。但这并不能否定礼貌的伟大的作用，所以我们一定要知道，只有有礼貌的人才是受人爱戴的人，所以我们也一定要让礼貌成为我们自觉的行动。

幸福心语

礼貌是人的一面镜子，照出他的修养，映出他的人品。一个人的言语动作谦虚恭敬，便称为有礼貌。一个不懂得谦恭的人，也必然是一个不懂得礼貌的人。而我们应努力成为前者，避免后者在我们身上出现。

遵守特定环境的秩序

秩序是指对已建立的权威表现尊敬而避免混乱或分裂的状态秩序。从广义上来说，秩序与混乱、无序相对，所以我们可以认为，秩序指的是在自然和社会现象及其发展变化中的规则性、条理性。从静态上来看，秩序是指人或物处于一定的位置，有条理、有规则、不紊乱，从而表现出结构的恒定性和一致性，形成一个统一的整体。就动态而言，秩序是指事物在发展变化的过程中表现出来的连续性、反复性和可预测性。

秩序是人类社会得以生存和发展的根本保障，不同的社会时代的要求不同，其秩序的要求也不同。这就造成了一个时代的特定环境秩序。一个时代的特定环境秩序是从法价值论层面回答的基本问题，就是法律主体要追求何种法律秩序，以及采取何种手段来达到这种法律秩序。《牛津法律大辞典》对法律秩序给出的定义是：从法律的立场进行观察，从其组织成分的法律职能进行考虑的，存在于特殊社会中的人、机构、关系原则和规则的总体。法律秩序和社会、政治、经济等秩序共存。从本质上说，法律秩序就是由法律规则所体现的、防止社会混乱的一种理想的社会秩序形态。法作为一种规则，对秩序的意义主要表现为秩序提供预想模式、调节机制和强制保证。

法律包括正义、自由、平等、公平、效率、秩序等多种价值，而其中法律秩序则是最基础的价值，但是如果片面追求秩序而忽略法的其他价值，那么这样的法律体系也是不完善的。事实上，秩序与其他法的价值并不是完全对立的，它们之间是相容的，法律秩序的实现并不排斥其他法的价值，并且还成为实现这些价值的基础和前提。在一个健全的法律体系下，秩序与正义这两个价值是相辅相成的。如果法律体系不能满足人们对正义的要求，那么也就无法实现秩序与和平。从这个意义上说，秩序的维持要以健全的法律制度为前提，而正义又需要完备的秩序的协助来发挥作用。所以，从根本上说，法律的宗旨就是要建立一种正义的社会秩序。

自由也是法的重要价值。法的自由是指在一定的社会中人们受到法律保障或得到法律认可的按照自己的意志进行活动的人的权利。从根本上说，法的发展应以强调人的自由为出发点，这可以从个体和社会两个层面加以理解。从个体角度来看，法要最大限度地激发个人的积极性和主动性，有利于增长个人的知识和才能；从社会角度来看，法要通过平等竞争的机制，使每个人的能量得到最大程度的释放。总之，无论是从法治的制度方面还是精神方面而言，自由既是法产生的根源，又是它始终关怀的目标。法治只有在把实现整个社会的普遍自由作为终极目标，才能再彻底实现自身的价值。从这个意义上说，自由构成法治的价值基础和终极目的。

法国著名的哲学家奥古斯特·孔德认为，社会整体的和谐表现为良好的社会秩序，不和谐则表现为激烈的社会冲突。他指出，社会的各个组成部分保持和谐的关系，是社会稳定存在和发展的基本前提。他认为，在社会体系的整体和部分之间，存在着一种自发的和谐，并且一切社会结构从根本上看都是建立在和谐统一的基础上的。孔德认为，要实现社会和谐，需要以以下五个原则为指导：崇尚科学；扩大博爱倾向；增加信仰与道德的一致性；实行社会分工与合作；增强政府权威与调节。只有由政府对社会实施普遍的调节，并确立具有物质基础、思想指导、道德制裁和社会控制的政治权威，整个社会才能保持高度的一致性。

只有处于社会中的每个个体都认识到社会秩序的必然性，并在秩序的范围内合理安排自己的行为，才能实现自由与秩序的统一。对此，恩格斯就曾指出，要实现所谓的自由，并不是说要摆脱自然规律，相反，要实现真正的自由，必须认识这些客观规律，使之更好地为实现自由服务。自由旨在根据我们对自然界的客观规律的认识来支配我们自己以及自然界。从这个意义上说，处在一定的社会秩序控制下的个人仍然还是自由的，这就是个体自由与社会秩序的统一。

秩序与自由作为人类两种基本需求，两者是对立统一的。两者的相互统一既是社会规范的真谛所在，同时也是理想生活模式的真谛所在。一个运行良好的社会内在要求在秩序与自由之间形成一种张力，一方面保障社会生活稳定有序，另一方面又能为个体提供足够的自由空间。

幸福心语

秩序是人类社会得以生存和发展的根本保障，不同的社会时代的要求不同，其秩序的要求也不同。这就造成了一个时代的特定环境秩序。

什么是职业道德

1. 职业道德的特点

道德是由经济关系决定的，并依靠人们的内心信念、传统习惯和社会手段所维持，以善恶、荣辱、正义与非正义为评价标准，是人类社会特有的道德原则规范、心理意识和行为活动的总和。

而职业道德，则是随着社会分工的出现以及生产的发展，从事一定职业的人们在其特定的劳动和工作的过程中所形成的，与其特定职业活动相适应的行为规范的总和。因此，职业道德便具有如下特点：

其一，从事某一职业者，必须遵守本职业具有的行为规范。由于社会分工不同，因此从事不同职业的人们具有不同的社会责任，如医生的职责是救死扶伤，国家公务员的职责则是秉公办事、谋求公益等。

其二，职业道德影响着人们确立职业目标以及生活方式，同时对人们的世界观、人生观和价值观产生影响。由此决定从事某一职业者，应具有这个职业要求的特定的心理意识和行为特征，如警察作为国家执法者应当忠于职守、维护社会稳定，面对违法事件应采取积极果断措施打击犯罪。

其三，从事某一职业者，应具有本职业所必需的素质和能力。现今社会，随着各种职业的展开和成熟，各职业对于从业者的要求也越来越高，从业人员需要得到本专业的相关资格证明。

其四，从事某一职业的人，有能力处理本职业和其他职业成员的关系。社会分工的出现，并没有把人们的职业活动分割成互不相干的独立部分，而是使人们之间的社会联系更加密切，任何一种职业活动都不能脱离其他的职业活动而独立存在，必须与其他的活动发生或多或少的联系。

当今社会，只有合作关系才能使职业活动持续地生存与发展。一些社会窗口行业，要求服务员要微笑服务、视顾客为上帝，这就是建立服务员与顾客关系的纽带，也是职业道德调节功能的重要方面。

2. 加强职业道德建设意义

职业道德建设就是指社会依据职业发展的需求，按照职业道德的原则对从业人员进行相应的职业道德教育，使其形成符合本行业的职业道德规范、行为准则以及职业良心的社会实践活动。

在社会转型时期，加强职业道德建设十分必要。

其一，职业道德建设是规范社会主义市场经济发展方向的必然要求。职业道德建设作为社会主义精神文明的重要方面，能够将市场经济的法制性与市场及社会的德治相结合，从而规范市场经济秩序，保障社会主义市场经济的完善和发展。

其二，良好的职业道德建设是提高从业人员职业道德素养的重要保障。职业道德建设能够有效地纠正不正之风，提高从业人员的职业道德，使其形成良好的职业道德意识，以便在激烈的市场竞争中形成良好、规范的职业行为。

其三，职业道德建设有利于提高行业工作效率，促进社会生产力的发展。职业道德教育能够端正从业人员的工作态度，形成正确的社会与职业价值观念，促使其爱岗敬业、勤于奉献、工作积极，效率显著。

幸福心语

职业道德是随着社会分工的出现以及生产的发展，从事一定职业的人们在其特定的劳动和工作的过程中所形成的，与其特定职业活动相适应的行为规范的总和。

勇敢和节制是公民的基本美德

公民的勇敢表现在各个方面。对梦想卓越的探求，对生命的追问，忘我以至无我，都是勇敢的。因此，勇敢是一种高贵的姿态，是对生活的阳光般的负责。

顽劣的环境往往能够造就坚韧的品质，周而复始的平淡生活无法滋养出勇敢的气质，更与青春不相宜。因为失去意义的欢快气氛和膨胀的心情很容易使人疲惫以至麻木，而勇敢的青春是美丽的，也只有这样，勇敢才被赋予更深刻的意义。

为什么有的人勇敢，有的人懦弱？因为勇敢是需要被激活的。勇敢不是生活的片断，真正的勇敢作为理念贯穿生命的始终，从而于心灵中发出生命最优雅的音律。面对这样的勇敢，人们往往在欣赏中产生高品位的共鸣。不盲从，不自妄，正是勇敢的衍生物。对于充满荆棘的短暂人生，勇敢能赋予人以艰苦卓绝的精神，用来开拓生命之路。

勇敢是公民的基本美德，除此之外，节制也是公民的基本美德之一。节制首先要求我们学会节约，节制自己对物质的欲望。胡锦涛同志指出，要“使勤俭节约在全社会蔚然成风”。建设节约型社会，需要每个公民身体力行。只有在全社会形成崇尚节俭的良好氛围，人人为建设节约社会尽责出力，使节约贯穿于我们的生活和工作中，快速发展、科学发展、和谐发展之路才会越走越宽。

我们的各级政府在建设节约型社会中已做出率先垂范，已在节水、节电、节约办公材料等方面带了个好头，并正在建立健全促进节约型社会的体制机制，建立科学的政府绩效评估体系，加大建设节约型政府的工作力度，严禁滥用公款消费，杜绝办公浪费，实行“阳光”采购，高效、节俭地办好一切事情，以厉行节约的政风影响和带动整个社会，一个营造勤俭节约、艰苦奋斗的浓厚氛围正在形成。

强调全社会都来注重节约，它不仅是社会可持续发展的一种迫切需要，更是提倡美德和廉政的长远之计。晚清政治家魏源说：“俭，是美德也；禁奢崇俭，美政也。”美国第二十二任总统克利富兰也说过类似意思的话：“浪费公共财富是对公民的一种犯罪，轻视人民日常生活的俭朴和节约，会令人痛惜地削弱我们民族的力量和优良的品质。”对今天的领导者来说，挥霍公共财富不啻是一种失政，更是一种犯罪；对每个公民来说，奢侈浪费是一种无德。

建设节约型社会不仅要坚持科学发展观，也涉及人们高尚生活观的问题。建设节约型社会的方针不能仅停留在口号上，它不应仅仅是专家学者和政府官员嘴里的一个流行词，而应迅速融入每个公民的生活中。要使节约成为每一个公民的自觉行动，要使节约成为生活中一个永恒的话题。

我们发展生产的目的，是为了不断提高人民群众的生活水平。因此，提倡勤俭节约、建设节约型社会，并不是反对理性和正当的消费，而是反对脱离当前经济发展水平的过高消费，反对与健康文明消费模式相悖的盲目攀比的畸形消费、斗富摆阔的奢靡消费、过度包装的无谓消费等。

今天我们要清醒地认识到，中国地大物博的神话早已被科学的考证和发展的现实所打破。我国人均拥有煤炭资源仅为世界平均水平的1/2，人均石油储量仅为世界平均水平的1/10；天然气还不到1/20，而水资源、土地资源之少更为人们所熟知，仅为世界平均水平的1/3和1/4。按人口平均我国其实是个资源匮乏的国家。我们有什么理由追求奢靡，追求大房子、大摆设、大气派？

我们有的人一味追求奢华的居住条件，住房是越住越大（大住房意味着使用过程中的大能耗），有些领导坐的轿车是越来越豪华。有人一顿年夜饭竟吃掉19.8万元。这些人炫耀的是穷奢极欲，挥霍浪费。但看看世界首富比尔·盖茨，虽然富可敌国，但平时穿的就是一条牛仔裤，吃的往往就是一个汉堡包。他使人们意识到简单质朴的生活是一种美德。

我们的国家尚属发展中国家，要达到富裕国家的水平，还需很长的时间。所以，我们一定要发扬勤俭节约、艰苦奋斗的精神。牢固树立正确的生活观，把节约的原则融入我们日常的衣、食、住、行和工作中。要在全社会树立节约意识，倡导节约文明，建设节约文化，形成“节约光荣、浪费可耻”的社会风尚，促使人们从身边的小事做起，从自己做起，从一点一滴做起，节约每一度电、每一升油、每一滴水、每一张纸、每一分钱，为建设节约型社会尽一份心，出一份力。

所以，我们应该鼓励勇敢，更应该倡导节制与节约，这就是一种美德。作为世界上的人，应该如此；作为勇敢的中华儿女，更应该如此。

幸福心语

勇敢是一种高贵的姿态，是对生活的阳光般的负责。我一直觉得，顽劣的环境往往能够造就坚韧的品质，周而复始的平淡生活无法滋养出勇敢的气质，更与青春不相宜。

责任感是公民的责任

市场竞争越来越激烈，对人才的要求也越来越高，而责任心的培养也正在引起人们的关注。

我国自古就崇尚“责在人先，利在人后”“天下兴亡，匹夫有责”的精神。董建华先生曾强调过要增强培育少年的社会责任感；美国的西点军校更是将“责任”二字作为校训。

由于在我国绝大部分是独生子女家庭，几个大人围着一个“小皇帝”转，完全以孩子为中心，任何事情都由家长包办代替，孩子缺乏独立去承担责任的意识和勇气。而只有具备高度责任感的人才会主动承担起对集体的责任，对社会的责任，才会努力工作，报效祖国。

做人一定要有责任感，这一点不管是在现代还是在古代都不乏杰出代表。宋代著名文人范仲淹流传千古的名句“先天下之忧而忧，后天下之乐而乐”，其内涵就是责任感；大禹治水“三过家门而不入”，也是责任感使然。在汶川抗震救灾中，许多战士、干部，他们中有许多人家就在灾区，然而为了抢救其他受灾群众，他们宁愿放弃自己亲人的生命。灾区的一位校长，眼睁睁看着自己被埋在瓦砾中的孩子向他求救，只说了一句话：“等我把同学们救出来再来救你。”然而，等他回来时，孩子已经永远闭上了眼睛。

谁都知道，孩子的生命对于父母来说意味着什么，如果可以，他们宁愿用自己的生命换取孩子的生存，然而这一次，这位父亲却选择了把生的希望留给其他的孩子。这样的浩然正气从何而来？毋庸置疑，就是责任感。因为他明白，作为一名校长，他就要为那几千名学生的生命负责，责任在肩，他首先是一名校长，然后才是一名父亲。

1. 什么是社会责任感

社会责任感，是一种崇高的道德情感，是社会群体或者个人在一定社会历史条件下所形成的为了建立美好社会而承担相应责任、履行各种义务的自觉意识和情感体验。社会责任感就建立在个人对社会责任正确认识的基础上，是对社会责任的理性认识。

第一，社会责任感是对时代赋予的责任的感悟。

第二，社会责任感是履行社会责任的自觉性。社会责任是社会生活对人们的客观要求，每个人都必须对他人、对社会承担起一定的责任。有社会责任感的人是把客观外在的社会责任内化为自己的主观责任，并以履行社会责任作为自己的人生追求。

第三，社会责任感是对规定的遵从。社会责任是社会对人们行为的一种规定。这种规定有的见诸文字，有的则没有文字；有的表现为法律规定，有的表现为道德要求，有的则表现为约定俗成。社会责任感的形成过程就是对种种规定的认知、认同、遵从的过程。

第四，社会责任感是由他律转变为自律。社会责任具有强制性，它的规定不是随意的，而是通过一定的强制手段表现出来的。社会责任感形成的过程就是逐步把强制性“他律”内化为个体主观自觉的“自律”。

第五，社会责任感是对自由与权利的珍惜和维护。社会责任与个人享有的自由、权利具有统一性。在现代社会中人们在获得越来越多的自由的同时，必须承担相应的社会责任，承担责任实际上就是对自由和权利的珍惜和维护。

2. 社会责任感的情感表现形式

社会责任感是对社会责任的认同感。这种认同感往往通过以下几种情感表现出来：

第一，同情心与同理心。同情心，是指个人能主观体验到别人内心的感情（包括喜、怒、哀、乐等）。同理心是指设身处地地以当事人的立场去体会当事人的心情（包括感觉、需要和痛苦等）。同情心和同理心在社会责任感的产生中具有重要作用，是社会责任感的重要前提。一个人只有对他人拥有同情心和同理心，才能设身处地地为别人着想，才会产生负责的心理体验，才能产生责任感。

第二，良心。良心是对自己行为的道德评价能力，是人所特有的道德意识和道德情感。良心是责任感从他律向自律转化的结果，是个体对自己履行道德责任的行为进行评价的主要方式。良心在人的社会行为中具有十分重要的作用，是社会责任感的重要成分。

第三，羞耻感。它是人意识到自己行为的不道德性所产生的一种自我谴责的情感体验，包括羞耻、惭愧、羞怯等情绪反应。当个体将自己的行为同已有的道德标准加以对照并认识到自己的行为不合乎道德标准、没有履行自己的道德责任、损害了其他人利益时，便产生了羞愧感。

第四，爱心与奉献的精神。社会责任感总是与爱心和奉献的精神联系在一起的。缺乏爱心、热情与奉献精神的人不会有强烈的社会责任感。

第五，正义感。所谓正义感就是人们对公正、平等、人道等基本价值的内心体验和情感认同。正义感是社会存在和发展的精神动力，是社会责任感的重要组成部分。

第六，以国家兴亡为己任的崇高使命感。以国家兴亡为己任是社会责任感的最高境界，是社会对个人的最高要求。具体表现为对祖国前途命运、民族振兴强盛的关注和使命感，对前人开创的符合社会发展规律的未竟事业的理性感悟；表现为一个对自己负责、对人民负责、对社会负责、对国家负责这样一个循序渐进的过程，表现为对科学文化知识的广猎博取、对祖国人民前途命运共荣辱的真情实感、对事业的执着追求。

可以说，高境界的社会责任感可使个体能够最大限度地发挥自己的主观能动性，把自己的青春和热血无私地奉献给国家的革命和建设事业。

幸福心语

社会责任感，是一种崇高的道德情感，是指社会群体或者个人在一定社会历史条件下所形成的为了建立美好社会而承担相应责任、履行各种义务的自觉意识和情感体验。

利己主义 VS 利他主义

长期以来，人们在利己与利他、利己主义和利他主义这两个极端之间摇摆，似乎除这两极之外别无他者。那么，我们应该如何正确认识和处理人际之间的利益关系呢？

实际上，在利己与利他之间还有一种重要的选择，即互利；在利己主义与利他主义之间也可以有第三条道路，这就是互利主义。互利主义既反对利他主义，又反对利己主义，在利他主义和利己主义之间保持张力。

利己，即保护和追求自身的利益，是人的个体性的直接表现，也是人的需求与社会可利用的资源短缺这一矛盾的产物，是人的生命存在与延续的基本要求，是人的生物本能的直接体现。人们进行物质资料生产，首先出于利己的需要。

利他，即保护和追求他人、社会的利益，是人的社会性的表现，也是维护自身根本利益的需要。任何人都是社会的人，每一个个体都只有在与其他个体的交往中、在作为个体集合的集体和社会中才能生存。人是个体性与社会性的统一，既以个体为直接的生命和生活单位，又实际地依赖于社会而生活，因此，在实际的社会生活中，单纯的利己和单纯的利他都是不应该，也是不可能的。

只讲利己，社会和他人的利益就会受到损害；只讲利他，个人甚至难以存在，集体最终也会受到损害。为此，这就需要在利己与利他之间保持张力，既要承认和保护个人利益，又要创造和保护他人的利益、社会的利益，把个人利益与社会利益保持和控制在一个可以接受的程度和范围内，这就是我们所说的互利。

在实际的社会生活中，利己和利他不一定是严格地相互对立和排斥的，互利有可能在二者之间找到自己的落脚之处。但把利己或利他上升为一种基本的价值原则和社会理想，即利己主义和利他主义，则它们之间往往是相互排斥和尖锐对立的。利己主义把个人利益放在至高无上的地位，而不顾及这些利益是否合法和合理；为了追求自己的利益，可以不择手段，不顾他人、集体、社会利益，甚至不惜损人而利己；利他主义把保护和追求他人、社会利益的必要性和合伦理性推到极端，要求人们在任何时候、任何场合都毫不利己、专门利人，实际上否认了个人的正当价值需求和利益保障，也就毁坏了社会赖以存在和发展的基础。

互利主义就是既对利己和利他原则各自所有的一定合理性的接受，也是对其各自所有的片面性和极端性的扬弃。在互利主义看来，人们追求的自身利益有合理合法和不合理不合法的根本区别；人们追求自身利益时，对待他人和社会的利益的态度，有尊重维护和置若罔闻甚至损害破坏的根本区别。正是对这两种有根本区别的态度不同，把互利主义与利己主义和利他主义区别开来。一方面，互利主义充分肯定合理利己的必要性和合伦理性，但在利己的内容上只承认和支持对于自身合理合法利益的追求，坚决反对牟取不合理不合法利益。

幸福心语

互利主义既反对利他主义，又反对利己主义，在利他主义和利己主义之间保持张力。

第九章

幸福重建与社会组织

所有的种子都是为了发芽，所有的出发都是为了回家，所有的爱情都是为了相守，所有的奋斗都是为了幸福。我们都应该心存信念——幸福就在身边！

组织与组织成员的积极情绪

积极心理学的基本理念认为，管理者应该去挖掘员工自身存在的勇气、乐观、希望、诚信、毅力、快乐等积极心理品质，以抵御心理疾病的困扰，发挥员工工作的积极性，提高企业的经济和社会效益。因此，企业运用积极心理学的原理，加强人力资源管理，开发员工积极心理资本，培育员工的积极心理品质极为重要。

1. 培养员工积极乐观的情绪体验

心理学研究表明，培养积极乐观的情绪是使员工快乐的重要途径之一。如果员工具有愉快、乐观、开朗、满意等积极情绪，那么，也具有较强的自我调节能力，能够较好地协调和控制自己的情绪，更好地投入到工作中去，提升工作的积极性、主动性。积极乐观的情绪，可以拓展员工的思维，消除消极的思维定式，使其能够以积极的心态去面对工作、生活中的挫折与困难，以积极的姿态去迎接工作中的各种挑战。

（1）以人为本，实行情感管理

即要注重人性，实行人性化管理，其核心就是激发员工的积极性，消除消极情绪。管理者必须尊重、理解、关心员工，充分信任员工，相信员工都有能力、潜力走向成功，给每一个员工提供发展的机会，充分发挥员工的潜能、发展员工的个性，真正体现员工工作的“主人”地位。积极心理学认为，只有当员工得到尊重、理解、关心、信任，他们才能真正体验到工作、发展、创造中的快乐，从而产生幸福感和满足感，最终实现企业的绩效目标。

(2) 树立员工的自信心

人的精神力量来自坚定的自信心，自信心是比金钱、势力更为有用的心理条件，是人类发展的可靠资本，能够使员工克服障碍、摆脱心理危机，走向事业的成功。树立员工的自信心，就是要求员工正确认识自我、评价自我、对待自我，能够坦然地面对工作中的困难与挫折，勇敢地迎接社会生活的挑战，并对未来充满信心。

2. 培养员工积极的人格品质

积极心理学特别注重的是人性的优点而不是人性的弱点，目的在于帮助人们寻求持久的快乐和成功。积极心理学家认为，激发出人性中那些美好的东西，人就会快乐。积极心理学认为，员工的积极人格品质主要包括以下三个方面。

(1) 主观幸福感

主观幸福感作为一种积极的心理体验，是衡量员工内在精神生活质量的重要指标。如何提高员工的主观幸福感水平，使其形成正确的幸福观，对提高员工工作效率具有特殊意义。

(2) 乐观

积极的乐观人格品质作为一种积极心理资本与工作绩效有着很强的正

相关性，对员工身心发展都有积极影响。大量实践表明，员工乐观的心理品质对工作场所的绩效有积极的促进作用。

(3) 自我决定感

自我决定理论（SDT）认为，当三种心理需要——自主性、关系和能力得到满足时内在动机最有可能发生。在人力资源管理中，管理者必须关注员工的自我决定感，以提升员工的满足感、满意感，最终实现企业人力资源的有效管理。

3. 营造积极的工作环境氛围

积极的人生态度是人们在社会生活中获得的本质力量的表现，是人们工作、生活的内动力。

培养员工积极的人生态度，有助于培养员工乐观向上的生活态度、和谐的人际关系、健康愉悦的情绪特征，以增强其心理自我调节能力和社会适应能力，从而实现企业和员工的“双赢”局面。

(1) 建立和谐的人际关系

管理者要加强对员工日常生活、工作的关心，加强企业的人际交往，建立和谐的人际关系，体现人性化管理的基本理念，体现大家庭的温暖，满足员工职业归属的需要和自我实现的需要。人际沟通是建立和谐人际关系最有效的方式。有效的人际沟通是释放和缓解压力、增强自信心、营造良好人际关系、提高企业团队凝聚力的重要途径之一。

(2) 培养员工乐观向上的生活态度

乐观的员工常常看到生活的光明面，对前途充满希望和信心，对自己所从事的工作抱有浓厚的热忱，并在其中发挥自身的智慧和能力，即使在遇到困难和挫折时，也能不畏艰险，勇于拼搏，敢于创新，从而提高工作效率。

总之，积极心理学的研究表明，积极乐观的情绪、情感体验不但能帮助员工消解工作中的压力，增进员工的身心健康，而且能够调动员工的积极性，提高工作效率。管理者在人力资源管理过程中，要以人为本，实行人性化管理，要帮助员工优化心理素质，营造健康快乐的工作氛围，培养员工积极向上的人生态度，最终实现企业和员工的健康发展。

幸福心语

企业运用积极心理学的原理，加强人力资源管理，开发员工积极心理资本，培育员工的积极心理品质极为重要。

清廉、三公与高效的政府部门

三公是指公款招待、公车使用、公费出国，过去“三公”费用的不透明，成为建设廉洁高效政府的绊脚石和拦路虎。温家宝总理曾经指出：“从表面上似乎不如贪污受贿、贪赃枉法那么危害深重，但是，‘三公消费’却更普遍，无论是对干部，还是对社会、对人民所造成的影响都很坏，败坏党风、政风、民风，必须下大力气治理。”

因此，中央作出了公开“三公”经费的决定。这既是回应公众关切，消除公众对政府部门使用“三公”经费的疑虑，长远来说，也是建立起与公众沟通的一条渠道，倾听公众意见，促使各部门改进工作，维护人民民主权利，从而使政府工作获得人民群众更多理解与支持的有效办法。

公开“三公”消费体现了政府部门的清正廉洁。但是，要建立清廉、高效的政府部门，还必须改革政府部门的人力资源管理。

由于经济的发展和人力资源管理改革的兴起，我国的政府部门也必须进行人力资源管理的合理化变革，要采取一定的措施解决一系列的问题。只有建立了高效、科学、合理的政府部门人力资源管理体制，才可以促进我国政府部门的良性发展，推动我国经济社会的快速发展，确保我国政府部门高效地运转、服务于社会。

建立效能型政府行政模式，是建立适应市场经济发展的高效政府运行机制的最终目标，主要应从以下几个方面入手。

1. 改革行政审批制度

改革行政审批制度的基本原则是：凡是能够由市场调节的坚决依法取消，改为备案制、登记制、注册制；对需要继续保留的（如资源耗竭型、资源拥挤型、生产和建设具有负外部性、生产和建设必须符合规模经济等）进行规范。规范的办法是：简化程序，公开透明，强化监督。

2. 严格依法行政

要加快政府法制建设的步伐，建立完备的与宪法和法律相一致的地方法规体系。公务员在工作中要牢固树立按法律法规办的思想，减少随意性，强化法律约束，改变凭经验办事、按领导的意志办事而违背法律的人治现象。从体制上避免领导人对司法的干预，做到司法独立，审判公正。

3. 推行决策民主化、科学化

加入世贸组织以后，政府决策必须考虑国际、国内双重因素，决策难度进一步加大。要普遍实行听证制度。要完善决策体制，纠正浮夸虚报或隐瞒事实的不良风气，以强化信息反馈系统，充分发挥政研室和专家智囊团的作用，强化参谋咨询系统，不仅对执行而且对决策实施监督以强化监督系统，提高决策者素质以强化决策中枢系统，采用现代化决策方法和技术以强化技术系统。

4. 推行政府上网工程，建设电子政府

目前中央和省级政府已基本上建立了三网一库（机关内部办公网、办公业务资源网络、公共管理与服务网信和电子政务信息资源库），电子政府建设应向省级以下各级政府推进。政府公务员必须掌握网上办公和在线服务技术。通过信息网络工程的建立，提高政府机关的办事效率。

幸福心语

只有建立了高效、科学、合理的政府部门人力资源管理体制，才可以促进我国政府部门的良性发展，推动我国经济社会的快速发展，确保我国政府部门高效地运转、服务于社会。

各取所需、互惠互利的利益共同体

正确认识和合理处理复杂的利益关系是社会持续和谐发展的重要前提。

在过去，人们总是在利己与利他之间各执一端，而忽视了互利在社会价值关系体系中的重要作用。

我们认为，互利是对于利己和利他的合理扬弃，互利主义意味着在利己主义和利他主义之间保持张力，是对于利己主义和利他主义的批判性超越；社会主义的经济制度和市场经济体制就决定了社会主义社会人与人的本质关系是互利，互利原则既是社会主义的基本经济原则，也是必要的伦理原则，对巩固和发展社会主义有着重大作用；互利主义是社会主义社会中集体主义的基本内涵，应当提升为社会主义的一个重要原则。

在21世纪的今天，世界贸易格局早已改观。互利双赢、共谋发展更是符合双方根本利益的。互利原则就顺应了社会主义市场经济的本质要求。

社会主义经济制度的本质特征是社会主义公有制、按劳分配和共同富裕，这就决定了广大人民群众的利益具有根本一致性和共同性，绝不允许任何人为一己私利而伤害他人、集体和社会利益。损害他人、集体、社会利益，就是损害自己的长远利益和根本利益。

但是，根本一致不是完全一致。在社会主义社会，特别是在社会主义初级阶段，公有制程度不高，并有多种形式，还有非公有制的多种经济成分共同发展，还存在私有财产；社会生产力水平低，只能实行按劳分配，劳动还具有谋生性；人们对物质财富占有的数量和质量还存在差别，实现共同富裕的目标还必须走部分地区部分人先富起来从而带动共同富裕的道路。总之，还存在着有自我利益的不同利益主体。

不同的利益主体必然要求扩大和维护自己的利益，绝不允许自己的合法利益被无偿平调、非法侵占。社会主义既承认每一个利益主体追求自身利益的合法性和合伦理性，鼓励每一个利益主体通过诚实劳动和合法经营而获取更大利益，同时要求每一个利益主体在追求自身利益时不得损害他人、集体和社会的利益，并且还应当为他人、集体、社会带来利益，实现共同发展、共同富裕。这种各利益主体的根本利益的一致性和各自利益的独立性、不可侵犯性的利益关系的结合点，就是各利益主体的互利。互利是社会主义利益关系的本质特征。

在市场竞争中合作战略伙伴关系的确定是互利双赢、开展双边经贸合作共同平衡发展的关键。经济贸易发展的最终目的是全人类和平与进步事业的发展。通过诚意的探讨与合作，互利双赢是可以实现的，因为它符合人民长远的根本利益。

幸福心语

互利主义是社会主义社会中集体主义的基本内涵，应当提升为社会主义的一个重要原则。

各得其所、各显其能的公司

时代在前进，社会在发展，公司只有树立全面、协调、可持续、以人为本的科学发展观，从社会需要来认识人才，从价值创造能力来认识人才，从稀缺程度来认识人才，才能跟上用人理念和人才意识的时代变化。

要做到人尽其才，在于尊知重才，容人长短。人有缺点，但并不妨碍他成就一番事业，关键在于看其优点，用其长处，在优点和缺点相伴中取其优点，避其缺点，既要德才兼备，又不求全责备，使各类人才的长处都得到充分发挥，在不同的岗位做出他们应有的贡献。

公司要想让人才各得其所，各尽其能，就必须做到以下几点。

1. 深化用人制度改革

公司要进一步深化用人制度改革，创新人才工作机制，完善选任制，改进委任制，规范考核制，推行聘任制，促进由固定用人向合同用人，由身份管理向岗位管理转变。破除各种所有制人才和各类不同身份人才的不平等状况，破除选人用人偏重文凭的倾向，破除选人用人偏重高职的倾向，做到既看文凭，又看水平，既看学历，又看能力，推动人才工作从"人治"走向"法治"，创造人不分内外、才不分大小、人尽其才、才尽其用的用人环境。

2. 尊重人才，营造适合人才发展的环境

要尊重人才，营造团队氛围，激发人才个性，鼓励创新，增强理解，在全社会营造"尊重劳动，尊重知识，尊重人才，尊重创造"的人文环境，这对于硬环境相对薄弱、没有高薪等优厚条件的用人单位，具有十分重要的意义。

公司要不断强化服务意识，积极搭建各类人才发挥作用，施展抱负的舞台，不断改善他们的工作、生活和人际环境，努力创造良好的工作环境和比较舒适的生活环境。

第一，千方百计为人才排忧解难，对住房、户口、子女上学和医疗保健等实际问题，要主动做好服务，完善养老保险、医疗保障等制度，解除人才的后顾之忧，实现感情留人。

第二，要改革分配制度，通过技术入股、成果分红等形式，使优秀人才得到与其贡献相适应的报酬，实现待遇留人。

第三，要积极创造条件，拓宽领域，为人才提供能够施展才华的岗位，搭建干事创业的平台，实现事业留人。

第四，要形成爱才、惜才、重才、用才的气候，加强人才社会组织建设，营造团队氛围，创造有利于人才释放能量的宽松环境，实现文化留人。

第五，要在优秀人才取得成功、做出成绩时，及时给予鼓励和表彰，政治上给予荣誉，物质上给予重奖，实现荣誉留人。

公司在营造上述五种环境的基础上，还要为人才提供良好的学习环境、民主活泼的学术环境，让人才在良好的环境中，汲取养分，知识不断更新，创造力不断增强。这样，现有人才的才能充分施展，而且新的人才也会不断培养出来，更会吸引外面的人才，从而形成人尽其才、人才辈出的良好局面。

幸福心语

从社会需要来认识人才，从价值创造能力来认识人才，从稀缺程度来认识人才，才能跟上用人理念和人才意识的时代变化。

温馨、和睦、幸福的家庭单元

俗话说："家和万事兴。"家庭的和睦对一个人的身体、事业、生活、心情、后代都有正面影响，而家庭不和睦对事业很可能是负面影响。

人们都希望有一个和睦的婚姻家庭，所以也都重视建设和经营和睦的婚姻家庭。

托尔斯泰曾说过："幸福家庭都是相似的，不幸福的家庭则各有各的不幸。"那么，幸福和睦的家庭有哪些相似之处呢？据我的观察和感受，有以下三方面的标志和要素：

一是平安，即家人和平安宁，无大风波。

二是和谐，即家人关系融洽，无大隔阂。

三是"有劲"，即家庭生活丰富多彩，无乏味感。

那么，我们怎样才能够营造一个温馨、和睦、幸福的家庭呢？

1. 保持身心健康

防病治病，保家人身心健康。多学一些生理、病理、医理、药理和保健养生的道理、知识和方法，培扶正气，躲祛邪气，保持身心的平衡，小病不惊不慌，自己治疗，大病不误时机，及时就医。

2. 保护家人平安

防灾避祸，保家人人财安全。提高警惕，居安思危，防备天灾人祸，不被伤、不自伤、不伤人。

3. 加强法律意识

遵纪守法，保家人法治安全。加强法纪意识，在和家外人相处过程中不犯法，守规矩，不侵权，也重视和善于维护自身合法权益。

4. 维护家人心理健康

厚德重道，保家人心理安全。诚实守信，助人为乐，不坑蒙拐骗，不损人利己。白天不做亏心事，半夜不怕鬼叫门。

5. 勤俭节约

勤俭致富，保家人经济安全。重视和善于做家庭财务规划，勤俭持家，避免为生存问题烦心。

6. 防微杜渐

防微杜渐，保婚姻家庭完整。牢记“千里之堤，溃于蚁穴”和“苍蝇不叮无缝的蛋”，正己修身养性；同时也要明白地震来时摧万物，所以要远离诱惑，拒绝威胁。

7. 营造良好的氛围

营造氛围，保家人精神平和。花点时间，动点脑筋，建设融洽、协调、其乐融融的家庭氛围，避免家人精神紧张。

8. 搞好外部交际

搞好外交，保家人心情安宁。自己带头并帮助家人和邻居、亲戚、朋友、同事、夫妻双方的家人处好关系，避免家人因其中的纠纷和紧张关系而烦躁。

幸福心语

婚姻家庭的和睦对一个人的身体、事业、生活、心情、后代都有正面影响，而婚姻家庭不和睦对事业很可能是负面影响。

儒雅清净、教学相长的学校

随着可持续发展教育在全球的传播，环境教育已成为传播可持续发展思想的一条重要途径，绿色学校的创建作为环境教育的重要组成部分已被写入《国务院关于落实科学发展观加强环境保护的决定》（国发［2005］39号）中。《决定》指出“推动生态省（市、县）、环境保护模范城市、环境友好型企业和绿色社区、绿色学校等创建活动”。因此推动绿色学校创建工作的持久性发展，带动学校积极参与环境可持续发展的行动，培养具有环境素养的未来人才，已成为我们绿色学校发展的重要目标之一。

实践证明，儒雅清净的绿色学校，才是教学相长的学校。那么我们应该如何创建绿色学校呢？

1. 进一步提高对绿色学校创建活动重要性的认识

积极引导教育主管部门在绿色学校创建过程中起主导作用。采取各种方式积极引导更多的学校开展环境教育，把环境教育纳入学校的考核目标，纳入素质教育的一部分。

2. 加强校长与教师的环境与可持续发展教育和环境管理能力建设

迅速建立环保教师网络，对学校行政领导和教师要加强环保基础知识、环境管理，以及环境与可持续发展教育理论和方法等方面的培训。学校应引导学生开展形式多样的环境教育活动。教育部门要力争将此培训纳入到中小学教师继续教育之中。

3. 以环境意识渗透教育为突破口，全面提高学生的环保素质

进一步探索和深化各学校环保知识在课堂教学中的渗透，编写适合中

小学生课堂渗透的环境教育教学参考书，教育部门和环保部门应加大支持力度。

4. 大力提高各绿色学校的普及程度

在这几年的创建过程中，由于经济发展的不均衡，导致我们在创建绿色学校过程中发展得不太均衡，有些发展比较快，有些仍处于起步阶段，我们只有通过对外交流，加强与发达省份的绿色学校、一些搞得好的绿色学校之间进行交流，才能开拓思路、取长补短，学习别人的宝贵经验，在创建过程中少走弯路，从而更好地提高绿色学校的普及程度和创建水平。

5. 绿色学校建设的质量和创建水平再上新台阶

绿色学校的校园环境建设和管理是中小学校发展的新内容，学校通过实施校内节水、节电、节能、节约材料，提高设施和场所的使用效率，改善环境质量，营造环保型校园生活和工作空间，努力建设资源节约与环境友好型校园。在绿色学校的创建上，我们应更进一步规范化，严格把关、严格审批，使绿色学校的创建质量更加进一步提高。在此基础上努力转变各级领导和中小学校长的观念，使之真正认识到创建绿色学校在全面贯彻科学发展观、建设资源节约型、环境友好型社会中的基础性作用。

6. 进一步加强环境与可持续发展教育的理论研究与实践探索

加强环境与可持续发展教育基础理论研究，使绿色学校的理论研究成果占据国内环境与可持续发展教育的最前沿；为学校积极进行可持续发展实践创新创造机会，促进创新成果的交流和总结。

让我们一起共同为提高环境教育质量，普及环境可持续发展思想，增强中国可持续发展能力的建设而努力吧。

幸福心语

推动绿色学校创建工作的持久性发展，带动学校积极参与环境可持续发展的行动，培养具有环境素养的未来人才，已成为我们绿色学校发展的重要目标之一。

有社会责任感的公众媒体

我们常常把报纸、广播、电视、互联网等新闻媒体说成是社会公器。公器者，乃全社会公用之器具也，它们为全社会的成员所共同拥有，共同使用，谋取的是公共利益。职之所在，责有攸归。媒体的本质决定了媒体本身必须为全社会承担责任，提供服务，这也是媒体的生存法则。媒体只有切实承担社会责任，发挥其应有的各项社会功能，才能显示其存在的价值和旺盛的生命力。

我国社会主义的新闻事业之所以呈现一派生机勃勃的繁荣景象，正是和我们的新闻媒体在党的领导下，积极、主动地承担社会责任，使新闻信息能真实、准确、全面、客观传播密不可分，所以它们被喻为“时代风云的观测站，时代航船的瞭望哨，时代变化的记录者，时代进步的见证人”。

但是，有些媒体在不断满足公众日益增长的信息、文化和娱乐需求的同时，也出现了社会责任缺失的现象。少数媒体在口头上大讲承担社会责任，在行动上却是另外一回事：它们在市场经济浪潮的强烈冲击下，经不住金钱和物质的诱惑，置新闻工作的党性原则和新闻宣传的社会效益于不顾，不实行新闻报道和经营活动分开、采编队伍和经营队伍分开，或明或暗地出卖版面和节目，刊登和播发有偿新闻，或搞“有偿不闻”。它们以“吸引眼球”为原则，不假思索地反复炒作所谓的“热点新闻”，使某些新闻事实扭曲、变形或失实，严重的甚至有意杜撰虚假新闻，混淆视听。

诸如此类社会责任缺失的现象，不仅与社会主义新闻媒体在新闻受众心目中应有的良好形象格格不入，而且在某种意义上还可以说是新闻媒体的堕落和悲哀，是对社会主义新闻媒体崇高形象的一种亵渎和毁损。

公众媒体的社会责任，是媒体“全心全意为人民服务”指导思想在新闻宣传中的体现，是一种自律性和自觉性的责任，是高瞻远瞩、面对社会各个层面受众的普遍性的责任。在大众传媒技术日新月异、快速发展，新闻媒体的影响力越来越大的今天，我们必须认真解决好社会责任缺失的问题，树立起一种全新的社会责任意识。

对此有人对公众媒体应该承担的社会责任做出了总结，主要包括正确引导的责任、拒绝虚假的责任、抵制有偿的责任、反对低俗的责任、提供服务的责任、人文关怀的责任、弘扬道德的责任、繁荣文化的责任、捍卫法律的责任、舆论监督的责任等。

因此，公众媒体的社会责任重大，媒体从业人员一定要遵守职业道德和社会公德，充分发挥媒体的作用，承担媒体的社会责任，以便给人们营造一个良好的社会生活环境。

幸福心语

公众媒体的社会责任，是媒体“全心全意为人民服务”指导思想在新闻宣传中的体现，是一种自律性和自觉性的责任，是高瞻远瞩、面对社会各个层面受众的普遍性的责任。

关系良好、有秩序的和谐社区

关系良好、有秩序的和谐社区一定要是安全的社区，社区既要有相对独立性，也要有一定的开放性。

居住小区的空间组织方式源于克莱伦斯·佩里的“邻里单位”，佩里的初衷之一是建立一个自我相对完整、没有“机动车的威胁”的安全社区。针对20世纪二三十年代美国机动车快速发展以及由此造成的人车冲突，“邻里单位”在路网结构上采用“丁”字形系统，其优点是限制外部车辆穿越，但复杂的“丁字”形路网降低了道路的方向感，限制了外部人流进入的意愿，造成一定的社区封闭性。“邻里单位”在空间组织上的另外一个特征是过于注重内向性，忽视周边的城市空间，这样容易产生“大街坊”，割断城市的肌理，破坏城市的整体有机性。

受“邻里单位”思想的影响，居住小区的交通组织也极为强调限制外部穿越性交通，《城市居住区规划设计规范》（GBJ 137—90）第八点第一小点第二条规定：“……居住区内外联系通而不畅”，这成为居住小区最有特色的交通组织原则。第八点第五小点第一条规定：“小区内主要道路至少应有两个出入口……机动车道对外出入口数应控制。”实际操作中出于城市快速交通优先以及小区安全防卫的考量，居住小区机动车和人行对外出入口数被尽可能缩减，小区规模再大，周边相邻的一条道路上一般只设一个开口，使得城市空间被分割为一个个封闭性的大街坊。

鞍山四村的建设就体现了以上特征。鞍山四村位于上海市杨浦区，属于鞍山新村工人居住区的一部分，是一个20世纪50年代开始建造的非标准型居住小区，占地面积 17 公顷左右，居民约 1.3 万人。20 世纪 80 年代曾进行改造，2001 年在房屋结构和室外环境上又进行了整治。整治前鞍山四村是一个开放性的小区，整治后加建围墙，构成三个封闭式管理的大街坊。

与现在一般新建小区不同的是，分割三个街坊的苏家屯路和锦西路既是小区级道路，又是城市支路。苏家屯路整治后车行路面保持原来的 6 米，人行道与居住建筑山墙之间的绿化空间中点进行了环境改造，成为集休闲、健身、景观于一体的社区休闲景观街。三个封闭式管理街坊的内部组团绿地可达性较苏家屯路低，但是由于门卫管理较松，而且在围墙上设有多处只能行人通过的转门，实际上小区的开放性仍然较高。

除物质空间形态外，“邻里单位”更为重要的特征是社区建设。佩里所处的年代正是美国快速城市化时期，来自世界各地和美国乡村的移民不断涌入美国的大城市，这些移民中相当比例的人数不但文化水平低，甚至连英语也不会说。为了整合不同语言口音、不同肤色的外来移民快速融入美国都市社会，让移民特别是其后代成为合格美国公民中的一员，佩里提出“邻里单位”的社区模式。“邻里单位”中心最为重要的设施之一是学校，白天为移民的后代提供教育，晚上和周末成为成年移民夜校补习场所，学习英语和各种就业知识技能。此外，还配置图书馆、教堂、公共活动场地等其他社区设施，使之成为所有居民共享的社区中心。

受空间组织格局的制约，商业设施只能布置在“邻里单位”外围临街处，使得居民日常出行与社区中心关联不大，降低了社区中心的吸引力与活力。另外，受当时生产方式的局限，“邻里单位”没有考虑居民的就业岗位，及其与可持续的城市形态之间的关系。居住小区从属于更大范围的居住区系统，居住小区的公建配建水平与其居住人口规模相对应。按照《城市居住区规划设计规范》，居住小区应该配置教育、医疗卫生、文化体育、商业服务、金融邮电、市政公用、行政管理等几大类设施。

近年来随着市场经济的发展，居住小区配套公共服务设施主要是小学、幼儿园、会所、居委会、物业管理用房和部分商业服务设施。小学因为自身噪声的原因一般设置在小区一侧，商业服务设施考虑到市场经营，一般位于小区周边沿城市道路布置，小区中心或设置会所，或者干脆没有公共服务设施。这种配置满足居民日常的物质和基本生活需求，但是没有考虑公建对于公共生活的促进作用，没有考虑公共建筑之于社会生活的意义。

总之，我们建设关系良好、有秩序的和谐社区，不但要满足居民的日常生活，还要对公共生活有促进作用。

幸福心语

关系良好、有秩序的和谐社区一定要是安全的社区，社区既要有相对独立性，也要有一定的开放性。

后　记

POSTSCRIPT

幸福一二三

有温度才幸福

12 月 1 日，是 2014 年入冬以来最冷的一天。

午后的阳光明媚温暖，虽然最高温度都在零下，我还是禁不住阳光的诱惑，毅然下楼与大风共舞。

半小时后推开家门，在外面被冻得冰冷的脸颊和双手把女儿“冰到”的瞬间，我更加真切地意识到：家里真是温暖啊！身体迅速温暖的同时，我也活生生地感受到：如果自己四肢冻僵、血脉不通，家里温度再高也不可能把我暖和过来。

因为最近半年写作和讲课的主题都围绕着“幸福”这个主题，所以，我自然有了下面的追问：

没有体验寒冷，我们就难以发现和珍惜已经拥有的温暖吗？

不曾刻骨痛苦，我们就难以觉察和善待从未离开的幸福吗？

来世一场，谁不渴望幸福美满呢？

那么，幸福到底在哪里？或者说，幸福该从何而来？

放眼周遭，很多人把成功和幸福混为一谈，以为幸福在天边的某个地方而一次一次离家出走；很多人相信幸福来自金钱、权力等种种身外物而无休止地竞逐拼杀；很多人期望未来某一天幸福会从天而降，所以总是在等待……

我和大家一样，经历过无数困惑、迷失、挫败和重新来过，逐渐看清：很多时候我们不是因为缺少什么而痛苦，而是因为总是聚焦于远处的、不曾得到的东西而焦虑不安。我们习惯用大脑代替身体，用思考挤压感受，用欲望驱动脚步，让过去、未来、他人、金钱、权力、机遇和各种不属于自己的东西为我们的幸福来当替罪羊，让冰冷的数据和物质绑架柔软的内心，于是，渴望幸福的我们一次一次地自欺欺人，怨天尤人！

相较于金钱和物质的积累，最忠诚、最真实的成功是幸福力提升的更好途径。

在拥挤的道路上，成败得失的故事很多，温暖幸福的心灵有几颗？

世界上的成功有很多种，唯有暖心的幸福可以陪伴我们走完全程。

爱自己有力量

是谁说我们必须得到一些我们没有的东西才会幸福？

是谁说幸福一定在未来、在远方，而不能在此时此地？

凭什么我们不能自主选择快乐？

凭什么我们不能做幸福的主人？

要给口渴的人一碗水。以前我觉得自己需要一桶水、一缸水、一池水，现在我努力成为一条河、一片海，乃至水本身。

生活虽然并不完美，但把一切的主动权交给了我们自己，我们可以决定自己的梦想，可以决定自己是选择痛苦，还是选择幸福。不论我们选择什么，都会如愿。

现在我们就开始说：“谢谢，谢谢我在这里，谢谢我今天的一切！”

真正感恩的那一刻起，我们就离自己的心近了很多，我们的心就开始变得柔软。

懂得爱，成为爱的这一刻，我们就无须再寻找爱，追求爱，渴望爱。

是的，幸福不是找到你爱的和爱你的，而是成为爱本身！

爱原本是万物连接的原动力，它不在别的地方，只在我们清静下来的心中，一点即燃，星火燎原。

做一个幸福的人，就在当下，一切刚刚好！什么都不缺！

我就是幸福！就是爱！

难道不是吗?

和谐外面之前，先和谐内部；

爱上别人之前，先爱上自己。

美是和谐，幸福是自己舒服，也帮助别人舒服。

你不需要刻意取悦任何人，你只需要取悦你自己。

幸福的生活，是从爱自己开始的，不是爱自私的自己，而是爱清静无私的自己。

我是一切的根源，修心修德，学会爱的能力是幸福的必修课。

从当下出发

每个人都是一粒种子，都蕴含着巨大的可能性。

只要真的想发芽，没有什么可以阻挡种子的力量。

无论你有什么样的梦想，上天都会来帮助和成就你。

如果你是一粒小草的种子，天地就会帮助你吐露新绿；

如果你是一粒鲜花的种子，天地就会帮助你绽放美丽。

如果你坚信自己是幸福的，生活不论给你什么或者带走什么，都不会剥夺你幸福的权利！幸福不在过去，不在未来；幸福不是我们必须挣扎奔赴的目的地，不是必须依靠外物堆砌的成果！幸福就在每个人心里，是我们在当下就可以清晰自主的选择，是我们全心全意活出的精气神儿。

幸福是一面真实的镜子，照见真实的我们，无处可逃！

既然无处可逃，既然无法造假，那么，就从当下出发，幸福吧！

写了这么多文字，在各地火热进行的幸福沙龙中又讲了那么多，其实我深深懂得：我们无法给予别人自己没有的，所以，懂得爱、成为爱、创造爱、传播爱才是重建幸福的必经途径。

我们都一样，走在让心回家的路上。

小 刀
2014 年 12 月 2 日